飞向太空

王渝生　主编

中国大百科全书出版社

图书在版编目（CIP）数据

飞向太空 / 王渝生主编. -- 北京 : 中国大百科全
书出版社, 2025. 1. -- ISBN 978-7-5202-1715-6

Ⅰ. P159-49

中国国家版本馆CIP数据核字第2024JJ3232号

飞向太空

出 版 人：刘祚臣
责任编辑：程忆涵
责任校对：杜晓冉
责任印制：李宝丰
排版制作：北京升创文化传播有限公司

中国大百科全书出版社出版发行
（地址：北京阜成门北大街17号　电话：88390718　邮政编码：100037）
唐山富达印务有限公司
开本：710毫米×1000毫米　1/16　印张：8　字数：100千字
2025年1月第1版　2025年1月第1次印刷
ISBN 978-7-5202-1715-6
定价：48.00 元

编委会

主　　编　王渝生

编　　委　(以姓氏音序排序)

程忆涵　　杜晓冉　　胡春玲　　黄佳辉

刘敬微　　王　宇　　余　会　　张恒丽

前 言

　　《飞向太空》以一种简洁的方式讲述了宇宙探索、天文学发展过程中的基本概念，以及由天文学知识底层逻辑延伸，比较系统地补充讲解了对应天体力学的力学基本概念，包括运动学、静力学、动力学的知识，以及一些天文学相关概念的计算方法。

　　全书以条目形式进行编排，释文力求简明扼要、通俗易懂。标题一般为词或词组，释文一般依次由定义和定性叙述、简史、基本内容、插图等构成，依据条目的性质和知识内容的实际状况有所增减或调整。全书内容系统、信息丰富且易于阅读。为了使内容更加适合大众阅读，增加了不少插图，包括照片、线条图等，随文编排。

目 录

下篇

考古天文学

天文学史领域中新近发展起来的一个分支，它使用考古学的手段和天文学的方法来研究古代人类文明的各种遗址和遗物，从中探索有关古代天文学方面的内容及其发展状况。史前时期尚无文字，考古材料是了解当时人类文明最主要的依据，因此考古天文学较多地注意史前时期。在有史阶段，考古发掘所得的有关天文学内容的非文字资料，也是考古天文学的研究对象，所以考古天文学是考古学和天文学相结合的产物。它对天文学史的研究有很大意义，对考古学乃至现代天文学也有一定意义。

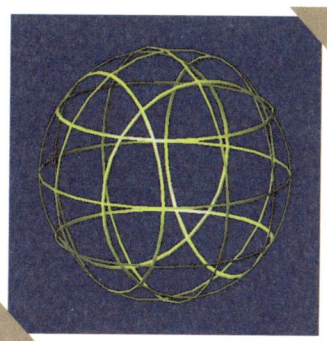

考古天文学的兴起，始于对英国索尔兹伯里以北的古代巨石建筑遗址，即著名的巨石阵所进行的研究。早在两百多年前就有人注意到，巨石阵的主轴线指向夏至时日出的方位，其中有两块石头（现在的标号为 94 号和 93 号）的连线指向冬至时日落的方位。20 世纪初，英国天文学家 J. 洛基尔进一步

研究了巨石阵。他提出，从巨石阵中心望去，有一块石头（93号），正指向5月6日和8月8日日落的位置；而另一块石头（91号），则指向2月5日和11月8日日出的位置。因此他推论，在建巨石阵的时代（约公元前2000年）已有一年分八个节气的历法。他的工作引起了许多天文学家和考古学家的注意。人们猜测，巨石阵是远古人类为观测天象而建造的，于是，对巨石阵进行了多次发掘。60年代初，纽汉提出他找到了指向春分日和秋分日日出方位的标志，并提出，91、92、93、94号四块石头构成一个矩形。矩形的长边指向月亮的最南升起点和最北下落点的方位。差不多同时，天文学家G.S.霍金斯使用电子计算机对巨石阵中大量石头构成的各种指向线进行了分析计算，又找出许多新的指示日、月出没方

位的指向线。考虑到现存的巨石阵遗址是分三次、前后相隔几个世纪建造的，而每次建造中都有指向日、月出没方位的指向线，因此霍金斯认为，巨石阵是古人有意建造的观测太阳、月亮的观象台。他甚至认为，巨石阵中56个围成一个圆圈的奥布里洞能用来预报月食。后来天文学家F.霍伊尔更认为巨石阵能预报日食。

除了巨石阵以外，人们还注意到其他许多的巨石结构和古代建筑有天文学意义。英国工程学教授汤姆自20世纪30年代起对大量巨石遗址进行了勘测工作。他发现，除了圆形的巨石阵外，还有卵形、扁圆形、椭圆形及排成直线的巨石建筑。他在20世纪60年代提出，这些巨石遗址或者自身或者与附近突出的自然地貌结合，构成指示日、月出没方位的指向线。他认为，在石器时代和青铜器

时代早期，人类已经有较多的几何学知识，已能预报日食和月食，并能区分出在一回归年中太阳赤纬变化的十六个相等的间隔，即一年有十六个节气。

上述对巨石阵等的天文学研究并不是完全没有争议的。特别对于能预报日食和月食等结论，有不少人持保留态度。但是，古代建筑中存在有天文学意义的指向线，这一点却得到越来越多天文学家和考古学家的支持。继英国之后，欧美许多国家的天文学家纷纷致力于寻找古代文化遗址中的这类天文指向线。美国印第安人的"魔轮"（一种用小石块在平地上砌成的两重圆形堆砌物，在外重圆周有 6 个石堆）、中美洲玛雅人的遗址等等，都有人研究过。例如，美国天文学家 J. 埃迪曾亲自做过观测，认为印第安"魔轮"中有一条指向线指示夏至时日出的方位，还有一些线指示某几颗亮星的出没方位等。总之，考古天文学的研究范围不断扩大，从建筑遗址扩大到诸如岩石上的石雕画之类。随着考古天文学研究的发展，出现了专门的学术

英国巨石阵

组织，如美国的考古天文学中心（设在马里兰大学内），这个中心还出版了专门的刊物《考古天文学》。

在中国，考古学和天文学的结合经历了一条稍为不同的道路。中国的考古学家和天文学家，把注意力主要集中在具有天文学内容的大量出土文物上。由于地下文物大量出土，从中得到的古代天文学信息是极为丰富的。例如，今天对战国秦汉时代天文学发展状况的了解，大部分应归功于几座战国墓和汉墓的发掘。考古学家还注意到史前时期人类遗存中的天文学内容。例如，通过对石器时代墓葬方向的考察，探讨远古人类已可能有某种方法测定太阳出没方位；研究陶器上具有天文学意义的图案、刻纹。为了总结和推进对具有天文学意义的古代物质遗存所进行的研究工作，中国社会科学

院考古研究所编辑了《中国古代天文文物图集》和《中国古代天文文物研究论文集》两书。

埃及古代天文学

公元前 3000 年左右，上埃及国王美尼斯统一埃及。从此，埃及历史始有文字记录可考。到公元前 332 年被马其顿王亚历山大征服为止，埃及共经历 31 个王朝，第三王朝到第六王朝（约前 27 世纪～前 22 世纪）文化最为繁荣。埃及对数学、医学和天文学的重要贡献，都产生在这一时期。闻名世界的金字塔也是在这一时期建造的。据近代测量，最大金字塔底座的南北方向非常准确，在当时没有罗盘的条件下，必然是用天文方法测量的。最大的一座金字塔在北纬 30° 线南边 2 千米的地方，塔的北面正中有一入口，从那里走进地下宫殿的通道，和地平线恰成 30° 的倾

角，正好对着当时的北极星。

从埃及出土的棺盖上所画的星图可以确定，他们认识的星还有天鹅、牧夫、仙后、猎户、天蝎、白羊和昴星等。古埃及人认星最大的特征是将赤道附近的星分为36组，每组可能是几颗星，也可能是一颗星。每组管10天，所以叫旬星。当一组星在黎明前恰好升到地平线上时，就标志着这一旬的到来。现已发现的最早的旬星文物属于第三王朝。

合三旬为一月，合四月为一季，合三季为一年，是埃及最早的历法。三个季度的名称是：洪水季、冬季和夏季。冬季播种，夏季收获。在古王国时代，一年中当天狼星清晨出现在东方地平线上的时候，尼罗河就开始泛滥。古埃及人根据对天狼星偕日升和尼罗河泛滥的周期进行了长期观测，把一年由360日增加为365日。这就是现在阳历的来源。但是这与实际周期每年仍约有0.25日之差。如果一年年初第一天黎明前天狼星与太阳同时从东方升起，120年后就要相差1个月，到第1461年又恢复原状，

埃及胡夫金字塔

天狼星又与日偕出，埃及人把这个周期叫作天狗周，因为天狼星在埃及叫天狗。

据研究，埃及除这种民用的阳历外，还有一种为了宗教祭祀而杀羊告朔的阴阳历。在卡尔斯堡纸草书第九号中有这样一条记载：

25埃及年＝309月＝9125日

从这条记载就可看出：1 年 = 365 日，1 朔 望 月 = 29.5307 日，25 年中有 9 个闰月。

古埃及人分昼夜各为 12 小时，从日出到日落为昼，从日落到日出为夜，因此 1 小时的长度是随着季节变迁而不同的。为了表示这种长度不等的时间，埃及人把漏壶的形状做成截头圆锥体，在不同季节用不同高度的流水量。

古埃及人除使用圭表和日晷外，埃及还有夜间用的一种特殊天文仪器，称作麦开特。它的结构很简单：把一块中间开缝的平板沿南北方向架在一根柱子上，从板缝中可知某星过子午线的时刻，又从星与平板所成的角度知道它的地平高度。现今发现的麦开特，系公元前一千多年的实物，为现存的埃及最古天文仪器。

美索不达米亚天文学

美索不达米亚在今伊拉克共和国境内的底格里斯河和幼发拉底河一带，是人类文明最早的发源地之一。从公元前 3000 年左右苏美尔城市国家形成到公元前 64 年为罗马所灭的三千年间，虽然占统治地位的民族多次更迭，但始终使用楔形文字。他们创造了丰富多彩的物质文明和精神文明，有些一直应用到今天。例如，分圆周为 360°，分 1 小时为 60′，1 分为 60″，以 7 天为 1 个星期，分黄道带为 12 个星座等。

古代两河流域的科学，以

幼发拉底河

数学和天文学的成就最大。据说在公元前 30 世纪的后期就已经有了历法。当时的月名各地不同。现在发现的泥板上就有公元前 1100 年亚述人采用的古巴比伦历的 12 个月的月名。因为当时的年是从春分开始，所以古巴比伦历的一月相当于现在的三月到四月。一年 12 个月，大小月相间，大月 30 日，小月 29 日，一共 354 天。为了把岁首固定在春分，需要用置闰的办法，补足 12 个月和回归年之间的差额。公元前 6 世纪以前，置闰无一定规律，而是由国王根据情况随时宣布。著名的立法家汉谟拉比曾宣布过一次闰六月。自大流士一世（前 522～前 486 年在位）后，才有固定的闰周，先是 8 年 3 闰，后是 27 年 10 闰，最后于公元前 383 年由天文学家西丹努斯定为 19 年 7 闰制。

巴比伦人以新月初见为一

个月的开始。这个现象发生在日月合朔后一日或二日，决定于日月运行的速度和月亮在地平线上的高度。为了解决这个问题，塞琉古王朝的天文学家自公元前 311 年开始制定日、月运行表，现选取一段如下：

闰六月	29°18′40″2‴	23°6′44″22‴	天秤座
七 月	29°36′40″2‴	22°43′24″24‴	天蝎座
八 月	29°54′40″2‴	22°38′4″26‴	人马座
九 月	29°51′17″58‴	22°29′22″24‴	摩 座
十 月	29°33′17″58‴	22°2′40″22‴	宝瓶座
十一月	29°15′17″58‴	21°17′58″20‴	双鱼座
十二月	28°57′17″58‴	20°15′16″18‴	白羊座
一 月	28°39′17″58‴	18°54′34″16‴	金牛座
二 月	28°21′17″58‴	17°15′52″14‴	双子座
三 月	28°18′1″22‴	15°33′53″36‴	巨蟹座
四 月	28°36′1″22‴	14°9′54″58‴	狮子座
五 月	28°54′1″22‴	13°3′56″20‴	室女座
六 月	29°12′1″22‴	12°15′57″42‴	天秤座

这个表只有数据，没有任何说明。它的奥秘在 19 世纪末和 20 世纪初终于被伊平和库格勒等人揭开。他们发现，第四栏是当月太阳在黄道十二宫的位置，第三栏是合朔时太阳在该宫的度数（每宫从 0°～30°），第三栏相邻两行相减即得第二栏数据，它是当月太阳运行的度数。例如第二行 22° 43′24″24‴ +30°，减去第一行 23° 6′44″22‴，得七月太阳运行 29° 36′40″2‴，而第二栏每组各相邻行的数据之差为一常数，即 ±18′。若以月份为横坐标，以太阳每月运行的度数为纵坐标绘图，便可得三条直线。前三点形成的直线斜率为 +18′，中间六点形成的直线斜率为 -18′，后四点形成的直线斜率为 +18′。前两条线的交点的纵坐标 $y_1 = M = 30° 1′59″$，后两条线的交点的纵坐标 $y_2 = m = 28° 10′39″40‴$，而太阳的月平均行度：

$$\mu = \frac{M+m}{2} = 29°6′19″20‴$$

若就连续若干年的数据画图，就可得到一条折线。在这条折线上两相邻峰之间的距离就是以朔望月表示的回归年长度，1 回归年 = $12\frac{1}{3}$ 朔望月。

在这种日月运行表中，有

的项目多到 18 栏之多。除上述 4 栏外，还有昼夜长度、月行速度变化、朔望月长度、连续合朔日期、黄道对地平的交角、月亮的纬度等。有日月运行表以后，计算月食就很容易了。事实上，远在萨尔贡二世时，已知月食必发生在望，而且只有当月亮靠近黄白交点时才行。但是关于新巴比伦王朝（前 626～前 539）时迦勒底人发现沙罗周期（223 朔望月＝19 食年）的说法，近来有人认为是不可靠的。

巴比伦人不但对太阳和月亮的运行周期测得很准确，朔望月的误差只有 0.4 秒，近点月的误差只有 3.6 秒，而且对五大行星的会合周期也测得很准确。

水星：146 周 ＝46 年；

金星：5 周 ＝8 年；

火星：15 周 ＝32 年；

木星：65 周 ＝71 年；

土星：57 周 ＝59 年。

这些数据远比后来希腊人的准确，同近代的观测结果非常接近。

希腊古代天文学

希腊是欧洲的文明古国，它的文化对以后欧洲各国文化的发展有很大影响，因此欧洲人称古代希腊文化为"古典文化"。希腊的地理位置使它易于和古代的东方文明接触。希腊第一个著名自然哲学家泰勒斯据说曾在埃及获得了几何学知识，到美索不达米亚学到了天文学。相传他曾预报过一次日食，并认为大地是一个浮在水上的圆盘或圆筒，而水为万物之源。

从泰勒斯开始到托勒玫为止的近八百年间，希腊天文学得到了迅速的发展，著名天文学家很多。从地域来说，先后有四个活动中心，形成了四个学派，即小亚细亚的米利都，从泰勒斯开始形成的爱奥尼亚学派（前7世纪～前5世纪）；意大利南部的克罗托内，毕达哥拉斯创立的毕达哥拉斯学派（前6世纪～前4世纪）；希腊的雅典，从柏拉图开始，形成的柏拉图学派（前4世纪～前3世纪）；埃及的亚历山大，本城和若干地中海岛屿上的相互有联系的天文学家们形成的亚历山大学派（前3世纪～2

希腊雅典卫城鸟瞰

世纪）。托勒玫就属于这个学派，也是整个希腊古代天文学的最后一位重要的代表。就内容来说，可以柏拉图为界，划分两个时期。在柏拉图以前，虽然也有一些重要的发现，如月光是日光的反照、日月食的成因、大地为球形和黄赤交角数值等，但还是以思辨性的宇宙论占主导地位。从柏拉图开始有了希腊天文学的特色：用几何系统来表示天体的运动。柏拉图学派创立了同心球宇宙体系，而亚历山大学派则发展出本轮、均轮或偏心圆体系。这些都属于以地球为宇宙中心的地心体系。与此同时，还有其他方面的重要发展，即从赫拉克利德到阿利斯塔克的日心体系。公元前2世纪依巴谷在观测仪器和观测方法方面都作了重大改进，他把三角学用于解决天文问题。公元2世纪托勒玫继承前人的成就，特别是依巴谷的成就，并加以发展，著《天文学大成》十三卷，成为古代希腊天文学的总结。

宇宙

空间、时间和其中存在的各种形态的物质和能量的总称。宇宙是处于不断运动和发展中的物质世界。《淮南子·原道训》注："四方上下曰宇，古往今来曰宙，以喻天地。"宇宙一般被当作天地万物的总称。人类对宇宙的认识，从太阳系到银河系，再扩展到河外星系、星系团乃至超星系团。借助各种功能强大的地面和空间望远镜，观测的范围已达到100多亿光年的宇宙深处。一般把观测到的宇宙称为"我们的宇宙"。所有天体，乃至我们的宇宙都有其起源、发展和衰亡的历史，但宇宙总体的发展和人类对宇宙的认识则是无穷无尽的。

大爆炸宇宙学说

大爆炸宇宙学说是现代宇宙学中最有影响的一种学说。与其他宇宙模型相比，它能说明较多的观测事实。它的主要观点是认为宇宙曾有一段从热到冷的演化史。在这个时期里，宇宙体系并不是静止的，而是在不断地膨胀，使物质密度从密到稀地演化。这一从热到冷、从密到稀的过程如同一次规模巨大的爆发。

宇宙大爆炸

爱因斯坦的宇宙观

1917年，A. 爱因斯坦用广义相对论的结果来研究整个宇宙的时空结构，发表了开创性论文《根据广义相对论对宇宙

金星结构图

木星结构图

水星结构图

火星结构图

土星结构图

天王星结构图

海王星结构图

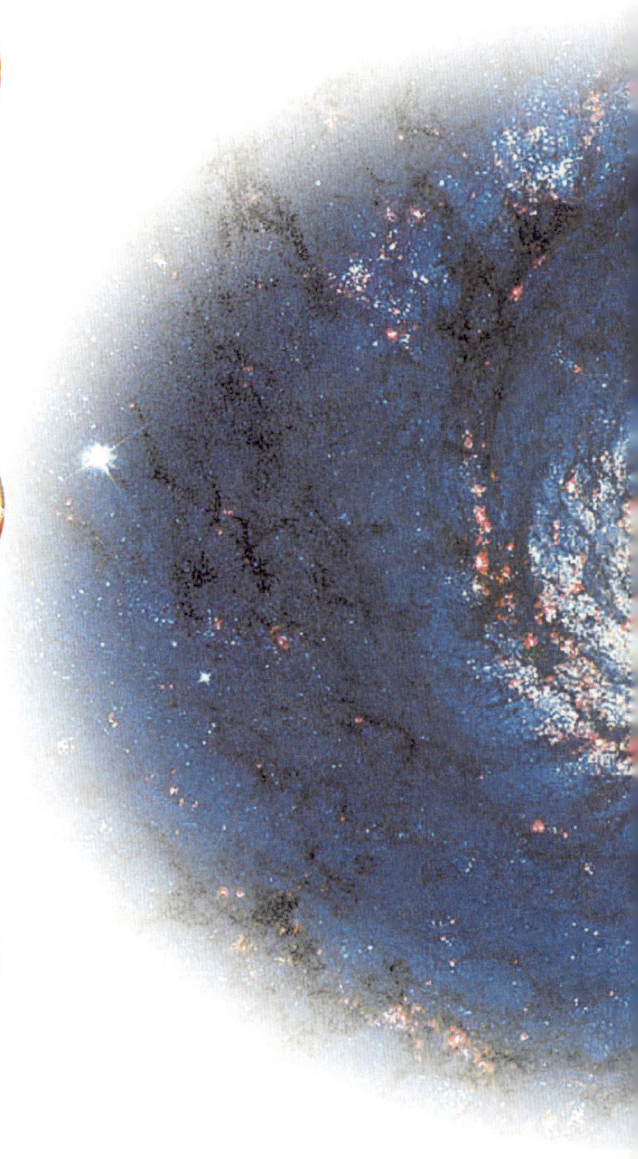

星系群

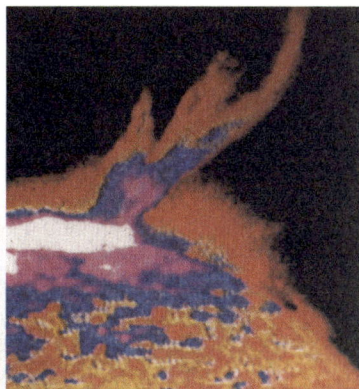

从"天空实验室"拍摄的太阳照片

地球内部圈层结构

旋涡星系的形态（银河系与之相仿）

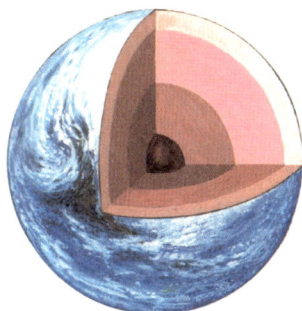

月球结构图

学所做的考察》。像他多次以一篇论文开创一个领域一样，这篇论文宣告了相对论宇宙学的诞生。在探索宇宙学中，爱因斯坦首先指出无限宇宙与牛顿理论之间存在着难以克服的内在矛盾。从牛顿理论和无限宇宙这两点出发，根本得不到一个自洽的宇宙模型。因此必然是：或者修改牛顿理论，或者修改无限空间观念，或者二者都加以修改。爱因斯坦放弃了传统的宇宙空间三维欧几里得几何的无限性，根据广义相对论建立了静态有限无界的自洽的动力学宇宙模型。在这个模型中，宇宙就其空间广延来说是一个闭合的连续区，这个连续区的体积是有限的，但它是一个弯曲的封闭体，因而是没有边界的。他在宇宙学的研究中引进用动力学建立宇宙学模型的方法，引进了宇宙学原理、弯曲空间等新概念，而且主张，

宇宙的体积是无限的或是有限的这个问题，只有依靠科学而不是依靠信仰才能解决。因此，无论是同意或反对他的宇宙观念的人，都不能不承认爱因斯坦在宇宙学中写下了十分光辉的一页。

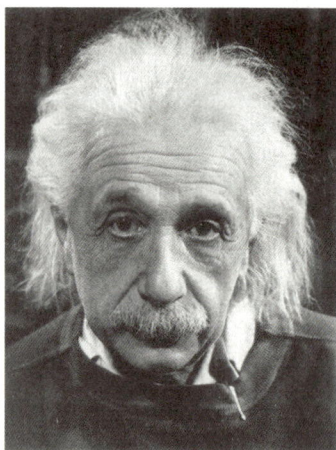

爱因斯坦

宇宙年龄

宇宙自大爆炸以来所经历的时间。根据 2001 年美国国家航空航天局（NASA）发射的威氏微波各向异性探测器（WMAP）卫星对微波背景辐射各向异性最新观测数据的分析，2018 年得到数据为 137 亿年。

星系

通常由几亿至上万亿颗恒星及星际物质构成，空间尺度为几千至几十万光年的天体系统。银河系就是一个普通的星系。银河系以外的星系称为河外星系。现代望远镜包括哈勃空间望远镜能观测到的星系估计在 500 亿个以上。

旋涡星系

星系的外形和结构多种多样，但大多由椭球形的中央核球和（或）外围扁平的盘成分构成。1926 年，E.P. 哈勃按星系的形态将星系分为椭圆星系、旋涡星系和不规则星系三大类。后来又细分为椭圆、透镜、旋涡、棒旋和不规则五个类型。

椭圆星系

河外星系的一种。因在天球上投影呈平滑无特征的圆形或椭圆形而得名。

椭圆星系记为 E，同旋涡星系 S 相比没有旋臂，同透镜星系 S0 相比没有盘，颜色比旋涡星系红，主要由年老的星族 II 天体组成，没有典型的星族 I 天体——蓝巨星，也没有或仅有少量冷星际气体和星际尘埃。

旋涡星系

具有旋涡结构的盘状星系。星系的哈勃分类中用 S 代表。旋涡星系的旋涡形状，最早是 W.P. 罗斯于 1845 年观测猎犬座星系 M51 时发现的。旋涡星系的中心通常有大质量黑洞，稍外是由星族 II 老星组成的椭球状核球，周围围绕着由星族 I 恒星、疏散星团、气体和尘埃组成的扁平圆盘，同核球恒星相比，盘星旋转速度较大而弥散速度较小。从隆起的核球两端延伸出两条或更多点缀着明亮年轻恒星的螺线状旋臂，叠加在星系盘上。球形的星系晕延伸到盘以外，其中主要是星族Ⅱ天体，典型代表是球状星团。一个中等质量的旋涡星系往往有 100 ～ 300 个球状星团。再往外还有由暗物质组成、主导着星系质量的暗晕。它的存在是大量星系的旋转曲线在远离中心仍像观测到的那样保持平坦的必要前提。旋涡星系的质量 M 为 100 亿至 1 万亿倍太阳质量，光度对应的绝对星等是 -15 ～ -21 等。质光比（以太阳质量和太阳光度为单位）$M/L \approx 2$ ～ 20。直径范围是 5 ～ 50 千秒差距。1977 年发现，旋涡星系的光度约与峰值旋转速度（由中性氢 21 厘米谱线宽度测定）的 4 次方成正比，按其发现者的名字称为塔利－费希尔关系，是估计星系相对距离的重要方法之一。

棒旋星系

一种有棒状结构、贯穿星系核的旋涡星系。棒对总光度的贡献最高可达 1/3，棒的长轴和短轴之比最高可达 5 ： 1。在哈勃星系分类系统中，以符号 SB 表示，以别于正常旋涡星系 S。在全部有盘星系中，棒旋星系约占一半。

棒旋星系

不规则星系

既没有明显的核、旋臂和盘，又没有椭球状对称结构的星系。哈勃星系分类系统中用符号 Irr 表示，分为 Irr Ⅰ 型和 Irr Ⅱ 型。Irr Ⅰ 型是典型的不规则星系，除具有上述的一般特征外，有的还有隐约可见、不甚规则的棒状结构。它们是规模不如旋涡星系和椭圆星系的矮星系。

不规则星系

星系团

十几个、几十个以至成百上千个星系组成的星系集团。是宇宙中确知具有动力学束缚特征的最大结构。其中的每一个星系称为星系团的成员星系。成员数目较少（不超过100个）的星系团称为星系群。现已发现上万个星系团，距离远达70亿光年之外。至少有85％的星系是各种星系团的成员。小的星系团，如本星系群由包括银河系、仙女星系在内的约40个大小不等的星系组成；大的星系团，如后发座星系团星系总数达3000个。平均而言，每个星系团内的成员数约为130个。有时又称成员数较多的星系团为富星系团。尽管不同星系团内成员星系的数目相差悬殊，但星系团的线直径最多相差一个数量级。

英仙座星系团

规则星系团

以后发星系团为代表，大致具有球对称的外形，故又称球状星系团，它们往往有一个星系高度密集的中心区，团内常常包含有几千个成员星系，几乎全部都是椭圆星系或透镜状星系。这种星系团往往发射弥漫 X 射线，显示其内部存在温度高达 1 亿度的热气体。这些气体的金属丰度达太阳值的 1/3，可能是由于星系内恒星演化增丰的气体被星系间相互作用剥离的结果。

不规则星系团

它们结构松散，没有一定的形状，也没有明显的中央星系集聚区，亦称疏散星系团，如室女星系团。它们的成员星系数目可以比规则星系团更多。范围比较大的不规则星系团可有几个团星系集聚中心，在团内形成一种次一级的成群结构，称为次团结构或次结构，整个团即表现为这些次团结构的松散集合体。不规则星系团包含各种类型星系，其中往往以暗星系占绝对优势，而只有少数不规则星系团有明显的 X 射线

发射。另外，不规则星系团内气体仅同个别星系相关联，缺少弥漫分布的星系际介质。这些特征显示不规则星系团没有像规则星系团那样充分位力化。

银河系

地球和太阳所在的巨大恒星系统。拥有约 2000 亿颗恒星，因其投影在天球上的乳白亮带——银河而得名。按形态分类，银河系是一个巨型旋涡星系，中心区有一可能的棒状结构。银河系的第一个主要成分为一旋转的薄盘，称为银盘，由较年轻的恒星、银河星团、气体和尘埃组成。第二个主要成分是一较暗的直径约 30 千秒差距（1 秒差距约等于 3.262 光年或 308568 亿千米）的球形晕，称为银晕，由较年老的恒星组成。银晕中央是一显著的旋转椭球形成分，称为银河

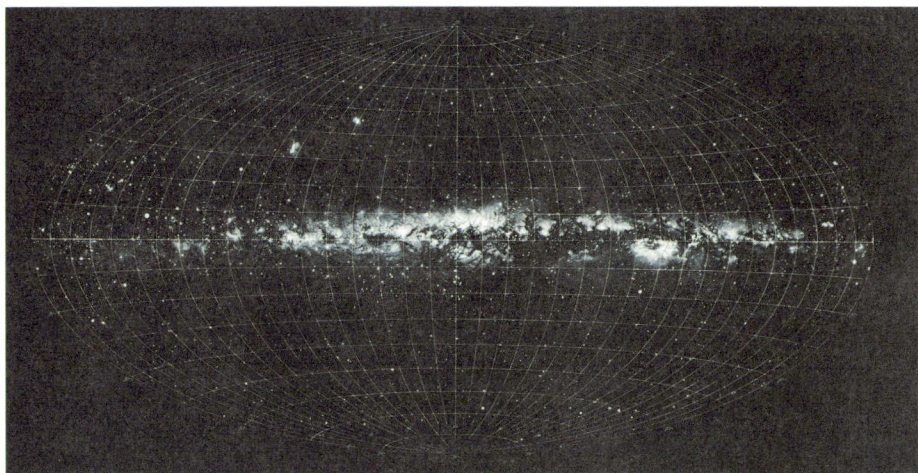

银河系全景图

系核球，亦由较年老的恒星组成。银河系的动力学中心称为银心，可能含有一个约300万倍太阳质量的黑洞。第三种主要成分是一由暗物质构成的晕，称为暗晕。银河系整体作较差自转。

恒星和星云

由自身引力维持，靠内部的核聚变而发光的炽热气体组成的球状或类球状天体。太阳就是一颗典型的恒星，离地球最近。其次是半人马座比邻星，它与地球的距离为4.22光年。银河系拥有几千亿颗恒星，在晴朗无月的夜晚，用肉眼可以看到3000多颗恒星；借助于望远镜，可看到几十万乃至几百万颗以上的恒星。恒星并非不动。因为离地球实在太远，不借助特殊工具和特殊方法，很难发现它们在天球上的位置变化，所以古人把它们称作恒星。恒星是相当稳定的炽热气体球结构，寿命在几百万年到

鹰状星云

上百亿年之间。一般认为恒星是由星云凝缩而成的。

星云是由气体和尘埃组成的云雾状天体。位于银河系内的称为银河星云。银河星云可分为广袤稀薄而无定形的弥漫星云、亮环中央具有高温核心星的行星状星云，以及尚在不断地向四周扩散的超新星剩余物质云。后两者都是恒星演化过程中的产物，也是恒星逐渐变为星际物质的过程。星云中物质密度常常十分稀薄，一般为每立方厘米几十到几千个原子（或离子）。星云的体积一般比太阳系大许多倍。

太阳系

由太阳和围绕它运动的天体构成的体系及其所占有的空间区域。太阳系内有行星及其卫星、矮行星、太阳系小天体、小行星、陨星和流星体、彗星、柯伊伯带天体、行星际物质，可能还包括笼罩于最外围的奥尔特云。

太阳系全景示意图（体积大小和距离远近不按实际比例）

太阳在太阳系中占据中心和主导地位。太阳的质量占太阳系总质量的 99.86%，其余天体共占 0.14%。太阳的引力控制着整个太阳系，行星都在接近同一平面的近圆轨道上绕日公转。太阳系的主要成员，除太阳外，就是行星。行星分类地行星和类木行星两类。类地行星和类木行星的轨道之间为小行星带。太阳系通常以小行星带为界，分为内外两部分。小行星带以内称为内太阳系，小行星带以外称为外太阳系。内太阳系有水星、金星、地球和火星四颗类地行星及其卫星，外太阳系有木星、土星、天王星和海王星四颗类木行星及其卫星。

太阳

太阳系的中心天体。太阳系的八行星和其他天体都围绕它运动。太阳半径为 6.963×10^5 千米，或约为 70 万千米，为地球半径的 109 倍左右。太阳体积则是地球体积的 130 万倍。太阳表面温度约 6000 开，中心温度高达 16×10^6 开。

整个太阳球体大致可分为几个物理性质很不相同的层次。从太阳中心至大约 0.25 倍太阳半径的区域称为日核。从约 0.25 倍太阳半径至 0.75 倍太阳半径的区域称为中层。从 0.75 倍太阳半径至太阳表面附近的区域称为对流层。对流层上方很薄但非常重要的气层称为光球层或光球。光球外面较厚和外缘参差不齐的气层称为色球层或色球。色球上面更稀薄但温度更高而且延伸范围更大的气层称为日冕。光球、色球和日冕合称太阳大气，日核、中层和对流层合称太阳内部或太阳本体。

太阳基本上是一颗球对称的稳定恒星。太阳大气中的一些局部区域，有时会发生太阳活动，如光球中出现太阳黑子和光斑，色球中出现谱斑、日珥，日冕中出现日冕凝块，色球和日冕中发生太阳耀斑。

太阳黑子

太阳表面出现的暗黑斑块。它是最常见和最容易观测到的一种太阳活动现象，简称黑子。自公元前43～公元1638年，中国史书上已发现有112条太阳黑子目视记录。西方国家从1610年开始才用望远镜断断续续地观测太阳黑子。

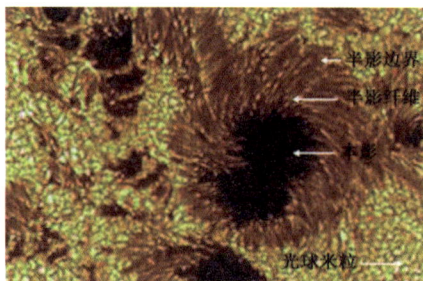

太阳黑子

肉眼可以看到太阳黑子吗？在普通望远镜的焦平面上放置照相底片拍摄太阳，或用附加了强减光滤光片的望远镜对太阳目视观测，就能看到太阳表面经常出现的暗黑斑块，这就是太阳黑子。当太阳在地平线附近，或遇到薄雾天气时，太阳表面上若有特大的黑子，往往用肉眼就能看到。

日珥

突出于太阳边缘色球之上的火焰状物质。它们在太阳圆面上的投影成暗条。日珥的主体在日冕当中，底端与色球相连。太阳边缘看到的日珥如篱笆、云彩、喷泉和圆弧等形状，厚度约为5000千米，一般高度为几万千米，长度可达二十万千米。但爆发日珥的高度可达几十万千米。日珥大体上可分为三类：宁静日珥、活动日珥、爆发日珥。

日冕

太阳的最外层大气。位

于色球以上，是高温的稀薄气体，延伸到几个太阳半径的范围。日冕分内冕和外冕，离太阳表面 0.3 个太阳半径以外为外冕，以内为内冕。日冕的等离子体温度达 10^6 开，密度向外逐渐减小，在距太阳表面两个太阳半径处大约为 10^6 个 / 厘米 ^{3}。日冕发射的光比光球的弱很多。当日食过程中月球挡住光球时，可以观测到日冕。

太阳耀斑

最剧烈的太阳活动现象。耀斑引起的 X 射线辐射增强将破坏地球电离层的正常状态，耀斑的高能粒子流将造成地球轨道附近高能粒子污染，并干扰地球磁层，产生地磁暴。这些扰动也会向下传播，导致地球低层大气体（平流层和对流层）动力学状态的变化。通过这些扰动，对人类的航天活动、无线电通信、物理探矿、导航和航测、高纬地区的电力系统，以及天气和水文领域产生影响。因而，预报太阳耀斑的发生具有实际应用价值。对于太阳耀斑的研究，现已成为太阳物理中最热门的研究课题之一。

行星

围绕恒星或恒星遗迹运行的，能够满足以下三项条件的天体：①质量足够大，自身重力足以维持接近圆球的形状；②质量不够大，还没有引起内部热核反应；③已经清空了邻近区域内的星子。行星常特指太阳系内围绕太阳运行的天体，已知的有水星、金星、地球、火星、木星、土星、天王星和海王星 8 颗。中心天体不是太阳的行星叫作系外行星，以示区别。

水星

太阳系八行星之一。距

太阳最近。中国古代称辰星，西汉之后始称水星。水星没有卫星。

水星的公转周期为 87.969 地球日，在八行星中是最短的。水星赤道面与公转轨道面的倾角等于 0.1°，在八行星中最小，所以水星上没有季节之分。水星的自转周期和公转周期的长度比恰好是 2:3，即自转 3 周才是一昼夜，历时约 176 地球日；同时公转 2 周。也就是说，1 水星日等于 2 水星年。

水星地貌（喻京川的太空美术画）

水星赤道半径为 2440 千米，约为地球的 38%。质量约为地球的 5.5%。体积约为地球的 5.6%。水星大气极端稀薄。由于没有足以隔热的大气，在

近日点时赤道上的最高温度约为 725 开，夜间温度又会下降到 90 开，这是已知的太阳系的行星和卫星上的最大温差。

金星

太阳系八行星之一。按离太阳由近及远的次序为第二颗行星。除太阳、月球和某些罕见的偶现天体外，金星是星空中最亮的星。金星是地内行星，故有时为晨星，有时为昏星。中国史书称晨星为启明，昏星为长庚。西汉之后始称金星，民间俗称太白。金星没有卫星。

金星的公转周期为 224.7 地球日。金星的自转运动是八行星中最慢的，自转周期为 243 地球日。其自转方向也与其他大多数行星相反，即从东往西顺时针自转。1 金星日长达 117 地球日，即在 1 金星年中只能见到 2 次太阳升起，而且是西升东落。由于轨道偏心

率和轨道倾角都很小，金星上没有明显的季节变化。

金星地貌（喻京川的太空美术画）

金星赤道半径 6052 千米，约为地球的 95%。质量约为地球的 82%。体积约为地球的 85%。金星没有磁场。金星具有一个厚大气层。由于强烈的温室效应，昼夜温差很小，表面温度高达 740 开。金星大气的主要成分是二氧化碳。大气中不含水，而含硫酸。

地球

太阳系八行星之一。按离太阳由近及远的次序为第三颗行星。是人类所在的行星。它有一颗天然卫星——月球，二者组成地月系统。地球大约有46 亿年的历史。

大水球——地球

地球自西向东自转，同时围绕太阳公转。自转周期约为 23 时 56 分 4 秒平太阳时（1 恒星日）。地球公转的轨道是椭圆的，公转周期为 1 恒星年（365.25 平太阳日）。黄道面（地球公转轨道面）与赤道面的交角（黄赤交角）为 23.27°。地球自转和公转运动的结合产生地球上的昼夜交替、四季变化和五带（热带、南北温带和南北寒带）的区分。

地球不是正球体，而是三轴椭球体。地球赤道半径为 6378 千米，比极半径约长 21

千米。质量（包括大气圈等）为 5.976×10^{24} 千克。体积为 1.083×10^{21} 立方米。地球总表面积为 5.100×10^8 平方千米，其中大陆面积约占 29%，海洋面积约占 71%。

地球由固体地球、表面水圈、大气圈和生物圈组成。地球内部结构总体上是径向分层的，主要分成地壳、地幔和地核三个圈层。地球具有磁性。地球内部自有热源，所以地下越深则越热。地球中心的温度约为 $4800℃$。

火星

太阳系八行星之一。按离太阳由近及远的次序为第四颗行星。它是从地球上看颜色最红的行星。中国古代称荧惑，西汉之后始称火星。火星有火卫一和火卫二两颗卫星。

火星的公转周期为686.9地球日。火星赤道面与公转轨道面的倾角为 $25.19°$，和地球的黄赤交角近似，所以火星也有类似的四季现象，只是每季的长度要比地球的长出约一倍。

火卫一上看火星（喻京川的太空美术画）

火星赤道半径3396千米，为地球的 53%。质量约为地球的 11%。体积约为地球的 15%。火星是四颗类地行星中最为扁椭的一颗。火星具有稀薄的大气，大气内二氧化碳占 95%。火星表面赤道附近夏季的最高温度可达300开，有记录的最低温度是145开，全球表面年平均气温210开。火星呈红黄色，具有极为微弱的磁场，和地球一样，有壳、幔、核三个圈层。

由于自然环境和条件与地

球接近，百年来始终被认为是搜索地外生命的首选行星。

木星

太阳系八行星之一。按离太阳由近及远的次序为第五颗行星。它是太阳系中最大的行星。中国古代称岁星，西汉之后始称木星。

木星的公转周期是 11.87 地球年，约为 4330 地球日。木星赤道面与公转轨道面的倾角很小，等于 3.12°，在八行星中仅略大于水星的轨道交角。木星自转周期为 9 时 50 分至 9 时 56 分，是自转速率最快的一颗大行星。

木卫一上看木星

木星是类木行星的典型代表。木星赤道半径 71492 千米，约为地球的 11.2 倍。由于自转快，赤道半径明显大于极半径。质量约为地球的 318 倍，超过除太阳以外的太阳系其他天体质量的总和。体积约为地球的 1318 倍，超过其他三颗类木行星（土星、天王星和海王星）。木星大气厚达 1000 千米，但和巨大的体积相比，仍只能算是薄层。大气中氢占 89%。大气上层接受的太阳热量为地球的 3.7%，气温为 −150 ～ −140℃。木星南半球有被称为"大红斑"的椭圆形风暴气旋。在八行星中，木星有最强的磁场。木星拥有环系。环系由亮环、暗环和尘环三部分组成，又窄又薄，离木星又近。

截至 2022 年，已发现卫星 80 颗。最大的四颗卫星是木卫一、木卫二、木卫三和木卫四，它们是伽利略在 1610 年发现的，被称为伽利略卫星。

土星

太阳系八行星之一。按离太阳由近及远的次序为第六颗行星。中国古代称镇星，也称填星。西汉之后始称土星。

远见土星系

土星的公转周期约为29.4地球年。土星赤道面与公转轨道面的倾角为26.73°，比地球的黄赤交角略大些。土星自转很快，自转周期为10时39分。

土星赤道半径60268千米，约为地球的9.4倍。质量约为地球的95倍。体积约为地球的744倍。土星是八行星中最扁椭的。由于自转速率快，沿赤道带可见条带状云系。土星的平均密度为0.70克/厘米³，是太阳系中唯一轻于水的天体。土星大气中氢占94%。大气上层接受的太阳热量相当于地球的1.1%，气温为 -170 ~ -160℃。土星赤道带附近经常有云气旋，其中最大的一个卵形气旋，名为"大白斑"。土星环系沿土星赤道面绕土星运转，由厘米级至米级大小的冰质块体组成，显得很亮。

已观测到卫星82颗。其中土卫六是已知唯一有大气的卫星。

天王星

太阳系八行星之一。按离太阳由近及远的次序为第七颗行星。它是第一颗用望远镜发现的大行星。

天王星的公转周期为84.02地球年。天王星是类木行星中自转速率最慢的一颗，自转周期为17时14分。天王星赤道面与公转轨道面的倾角为97.92°。它侧向自转，形成另类的昼夜交替和季节变化。

天王星赤道半径 25556 千米，约为地球的 4 倍。质量约为地球的 15 倍，是类木行星中质量最小的一颗。整体近似球形。体积约为地球的 47 倍。天王星的大气层很厚，大气的主要成分是氢（83%）和氦（15%）。大气上层接受的太阳热量相当于地球的 0.27%，气温为 -210 ～ -200℃。天王星有一个由多条环带组成的环系。环带共有 10 条，大多数为 1 ～ 10 千米宽的窄带，由厘米级的岩石组成，多呈暗黑色。

从天王星卫星上看天王星（喻京川的太空美术画）

截至 2022 年，已发现卫星 27 颗。

海王星

太阳系八行星之一。按离太阳由近及远的次序为第八颗行星。只有借助望远镜才能看得见。

海王星的公转周期为 164.79 地球年。自转周期为 16 时 6 分。海王星赤道面与公转轨道面的倾角为 29.56°。

蓝色海王星

海王星赤道半径 24764 千米，约为地球的 3.9 倍。它是四个类木行星中最近似球形的行星。质量约为地球的 17 倍。

体积约为地球的 40 倍。大气的主要成分是氢，其次是氦。大气上层接受的太阳热量为地球的 0.11%，气温为 −220 ～ −210℃。除自转轴的指向外，海王星和天王星在其他天文特征、物理性质和化学组成上都很相似,是太阳系内的"孪生"行星。海王星有 5 条环带组成的环系。

截至 2022 年，已发现卫星 14 颗。

月球

地球唯一的天然卫星。它是离地球最近的天体。又称月亮，古称太阴。与地球构成地月系统。

"阿波罗" 11 号宇宙飞船在距月球 1.6 万千米处拍摄的月球照片

月球半径 1740 千米，约为地球的 27%。质量为地球的 1/81。体积为地球的 1/49。赤道表面重力加速度只及地球的 1/6。地月之间平均距离为 384400 千米，约为地球直径的 30 倍。因离地球近，月球成为地球夜空中最亮的天体。

月球轨道面与地球轨道面的倾角平均为 5.15°。月球赤道面与公转轨道面的倾角为 6.67°。月球以逆时针方向绕距离地球中心 4671 千米的地月系统质心运转，周期平均为 27.32166 日；它同时以逆时针方向自转，自转周期与公转周期相同。月球自转和公转的周期同步的现象，形成了月球总是以同一个半球朝向地球的天象。月球没有大气，也没有液态水。月面上白天温度可达 120℃，夜间则降至 −180℃。月球没有可探测的磁场。月面上山岭起伏，峰峦密布。环形山是月面上的最明显的特征。月面大部分地区为一层厚度不等的月尘和岩屑所覆盖。

月食和日食

月食是地球上看到月球进入地球的影子后月面变暗的现象。地球在背着太阳的方向有一条阴影称为地影。地影分为本影和半影两部分。本影没有受到太阳直接射来的光，半影受到一部分太阳直接射来的光。月球在绕地球运行过程中有时进入地影，于是发生月食。月球整个进入本影，发生月全食；一部分进入本影，发生月偏食。月全食和月偏食都是本影月食。有时月球并不进入本影而只进入半影，则发生半影月食。这时月球的亮度减弱很少，一般不称为月食。月食只能发生在"望"，即农历十五或十六。由于月球轨道面与地球轨道面有约 5.15° 的倾角，所以并不是每个望日都会发生月食。只有当月球运行到月球轨道面与地球轨道面的交界线附近时，才可能发生月食。单考虑本影月食，每年最多可发生三次，最少则连一次也没有。

月食的连续照片（可见地球阴影）

日食是在地球上看到太阳被月球遮蔽的现象。月球在绕地球运行过程中，有时会走到太阳和地球中间，这时月球的影子落到地球表面上，位于影子里的观测者便会看到太阳被月球遮住，这就是日食。月球的影子可以分为本影、伪本影和半影三部分。在本影内，观测者看到太阳全部被月球遮住，这称为日全食；在伪本影内，则见月球不能完全遮住太阳，在太阳边缘剩下一圈光环，这称为日环食；在半影内，则见太阳的一部分被月球遮住，这称为日偏食。全世界每年最多可发生五次日食，最少也要发生两次。

发生月食的机会比日食少。但每次月食时，地球上夜半球的居民都能看到。因此，对任一地区来说，看到月食的机会反而比日食多。

小行星

沿椭圆轨道绕日运行，不易挥发出气体和尘埃的小天体。绝大多数小行星分布在火星和木星轨道之间的小行星主带中。

太阳系中的小行星（喻京川的太空美术画）

小行星主带中绕日运行

的小行星总数不下百万颗，但其质量的总和仅为地球质量的0.04%。主带中最大的一颗小行星是谷神星，直径934千米；直径在200～500千米的小行星有24颗，150～200千米的有45颗。根据2006年颁布的《行星定义》，谷神星已被分类为矮行星。主带小行星的轨道半长径为2.17～3.64天文单位，平均为2.8天文单位。

公转轨道的一部分延伸到内太阳系、近日点距离不大于1.3天文单位的小行星，称为近地小行星。

20世纪90年代以来，已发现约20颗有卫星的小行星和双小行星。

彗星

当靠近太阳时能够较长时间大量挥发气体和尘埃的一种小天体。通常分为彗核、彗发和彗尾三个部分。远离太阳时，彗星呈现为朦胧的星状小暗斑，其较亮的中心部分称为彗核。彗核的成分是冰和不易熔解的物质。彗核外围的云雾包层称为彗发，它由彗核中蒸发出来的气体和微小尘粒组成。当彗星走到离太阳相当近的时候，彗发变大，太阳风和太阳的辐射压力把彗发的气体和微尘推开生成彗尾。由于彗星的这种独特外貌，中国民间又称彗星为扫帚星。

称为周期彗星，它们周期地绕太阳公转；在抛物线或双曲线轨道上运动的彗星称为非周期彗星，它们绕太阳转个弯后一去不复返。

流星

来自行星际空间、以高速进入地球大气并在夜空呈现发光余迹现象的固态天体。大小从 0.01 毫米到 10 米不等。形成目视可见流星现象的流星体的典型大小为几毫米。流星进入大气的运行速度为每秒几十千米，在地球表面之上

海尔－波普彗星（德光宏明拍摄）

在椭圆轨道上运动的彗星

夜空中的流星

90～100千米处蒸发并辐射发光。凡亮度超过金星乃至白昼可见的流星称为火流星。它们在进入大气之前通常是米级大小的流星体，燃烧未尽的实体陨落地表即为陨石。

流星雨

流星群与地球相遇时，地球上看到某个天区的流星明显增多的现象。沿同一轨道绕太阳运行的大群流星体称为流星群。每逢地球遇到轨道上的流星群最密集区，观测到的每小时天顶流星数激增，这种现象称为流星暴雨。发生流星雨时，流星的出现率通常是每小时十几条到几十条；发生流星暴雨时，流星的出现率可高达每小时几千条乃至几万条。流星雨起源于彗星，流星体是彗星挥发和遗撒的碎小物体。与流星的随机偶现不同，流星雨出现有定时和固定的辐射点，遂以

辐射点所在星座命名。最著名的如狮子座流星雨，每年11月18日前后出现，每隔33年有一次流星雨盛期。

2009年11月18日在北京密云拍摄的狮子座流星雨（新华社提供，郭昱拍摄）

陨星

从行星际空间穿过地球大气并陨落到地球表面上的宇宙固态物体。陨星进入大气前的运行速度为15～20千米/秒，当距地球表面100千米时摩擦起火燃烧，陨星外壳融化并气化，形成气、尘和离子尾。陨星质量持续减少的过程称为"烧

蚀"，此时陨星往往裂碎成几块，甚至上千块。当落至距地球表面 20 千米时速度锐减到 3 千米/秒，白炽化停止，烧蚀终熄。最终以每秒几百米的自由落体速度陨落地面，烧蚀熄止后还往往伴有轰响之声。

陨星撞地球

黑洞

广义相对论所预言的一种特殊天体。它具有一个封闭的视界。视界就是黑洞的边界，外来的物质和辐射可进入视界内，并被撕碎和高度凝聚；而视界内的任何物质和辐射都无法跑到外面。黑洞的引力和潮汐力异常巨大。

1939 年，J.R. 奥本海默等根据广义相对论证明，一个无压的尘埃球体，在自引力作用下能坍缩到它的引力半径范围内。当物质球坍缩到引力半径，这个球体所发射的光线或其他任何粒子都不能逃到引力半径以外，这就形成黑洞。形成黑洞以前的恒星物质可有各种属性，但它一旦形成稳定的黑洞以后，其所有的属性几乎都不再能被观测到。

黑洞

寻找黑洞是相对论天体物理学的重要课题。完全孤立的黑洞难于观测，只能根据它与周边物质相互作用时产生的各种效应来预测其存在。

白洞

广义相对论所预言的一种与黑洞相反的特殊天体。和黑洞类似，它也有一个封闭的边界。聚集在白洞内部的物质，只可以经边界向外运动，而不能反向运动。因此，白洞可以向外部区域提供物质和能量，但不能吸收外部区域的任何物质和辐射。白洞是一个强引力源，其外部引力性质与黑洞相同。白洞可以把它周围的物质吸积到边界上形成物质层。白洞目前还只是一种理论模型，尚未被观测所证实。白洞学说主要用来解释一些高能天体现象。

虫洞

S.W. 霍金的一个更大胆的推测，认为我们的宇宙和其他逻辑上可能的具有不同自然常数的宇宙都是从一个更大的母宇宙中产生出来的。母宇宙的时空从远处看时就像从高处看海洋表面一样平静，但从近处看时却沸腾着量子涨落，张开

一个个"虫洞"把各个不同的宇宙泡连接起来。虫洞打开或关闭的结果就是改变不同场方程中出现的自然常数。

类星体

20 世纪 60 年代发现的一种新型天体，属活动星系核的一个亚型。

因其在照相底片上具有类似恒星的像而得名，光谱的巨大红移和几乎全电磁波段的辐射显示它们很可能是遥远星系明亮的活动核心。类星体的射电辐射是非热的同步辐射，光学辐射和红外辐射则表现为以热辐射为主的连续谱，但至少有一部分可能仍是同步加速辐射。如果类星体的红移是宇宙学红移，它们的光度（包括射电、红外线、可见光直至 X 射线）将超过太阳光度的 1 万亿倍，是迄今为止观测到的辐射功率最大的天体。但是，从光

变时标估计出的类星体辐射区域的大小，只有几光时到几光年。这样高的产能效率是现今已知的各种能源，包括恒星内部的核聚变反应都无法达到的。

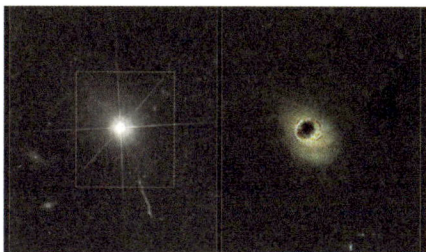

类星体

暗物质

只能通过引力效应推断其存在，由于没有电磁辐射而不能直接看到的物质。宇宙中这种暗物质的质量远超过恒星和星系等可见物质的质量，因而对星系形成乃至宇宙演化等问题有重大影响。

了解暗物质的数量和本性是当代天体物理学、宇宙学和粒子物理学面临的最迫切的问题之一。

暗能量

一种致使宇宙加速膨胀的能量成分。它是宇宙学于 21 世纪初研究的一个里程碑性的重大成果。支持暗能量的主要证据有两个：一是对遥远的超新星所进行的观测表明，宇宙不仅在膨胀，而且在加速膨胀；另一个证据来自 21 世纪初对宇宙微波背景辐射的研究，精确测量微波背景涨落的角功率谱第一峰的位置揭示宇宙是平坦的。

春季星座

大熊座——北斗七星。北斗七星是大熊座中排列成斗形的 7 颗亮星。这 7 颗星分别是大熊座 α、β、γ、δ、ε、ζ 和 η。中国名称分别称天枢（北斗一）、天璇（北斗二）、天玑（北斗三）、天权（北斗四）、玉衡（北斗五）、开阳（北斗六）和摇光（北斗七）。前 4 颗星，即天枢、天璇、天玑和天权组成斗形，故名斗魁，或称魁星，又名璇玑；后3颗星，即玉衡、开阳、摇光三星组成斗柄（即斗杓）或称玉衡。除天权是3等星以外，其余6颗星都是2等星。北斗七星离北天极不远，它们常作为指示方向和认识北天其他星座的标志。

牧夫座。牧夫座α，又称大角，全天第四亮星，天上最亮的红巨星之一。它是照相和光电方法测视向速度的标准星。通过人造卫星和火箭的红外线检测，已在大角光谱的紫外线区、可见光区、红外线区发现了发射线。大角星的直径约为太阳的20倍，质量是太阳的近两倍，距离太阳系约36光年，是一颗橙红色巨星。

室女座。黄道带的第六个星座，也是其中最大的星座。全部星座中排名第二。它位于天球赤道上，西邻狮子座，东接天秤座，北依牧夫座，南连长蛇座。古希腊人把室女座想象为生有翅膀的农神得墨忒尔的形象。室女座有一颗明亮白色的α星，中文名称角宿一，亮度0.98星等，在黄道线南方2°左右，是春季大三角顶点之一，位置正好是女神左手持的麦穗之处，自古室女被认为"贞洁"与"尊贵"的象征。她手拿着麦穗，仿佛在和人们一起欢庆丰收。秋分点正落在室女座上，太阳每年的9月16日至10月31日通过此星座。

室女座

狮子座。黄道带的星座之一。由于岁差的缘故，4000多年前的每年6月，太阳的视运动正好经过狮子座（现在的6月，太阳的视运动已经到了金牛座与双子座之间）。那时波斯湾古国迦勒底人认为，太阳是从狮子座中获得热量，天气才变得热起来。古埃及人也有同感，因为每年这个时候，许多狮子都迁移到尼罗河河谷中去避暑。狮子座里的星在中国古代也很受重视，它们被喻为黄帝之神，称为轩辕。

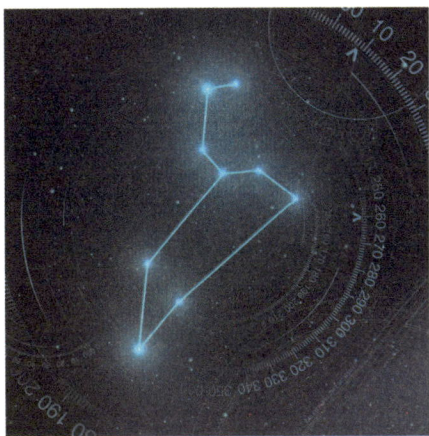

狮子座

夏季星座

　　天鹰座 α 星（牛郎星）。夏天的代表星座之一。每年7～8月的夜晚天鹰座可见于

银河的东侧，它位于天球赤道上，被武仙、蛇夫、射手、摩羯、人马等著名星座环绕，并隔着银河与天琴、天鹅座遥遥相对。银河东岸与织女星遥遥相对的地方，有一颗比它稍微暗一点儿的亮星，就是天鹰座 α 星即牛郎星。天鹰座的星图被古希腊人想象为一只在夜空中展翅翱翔的苍鹰，牛郎星就是鹰的心。它在全天亮星中排名第十二，实际亮度为太阳的11倍。它和天鹰座 β、γ 星的连线正指向织女星，天鹰座的主星牛郎星与天琴座主星织女星都是

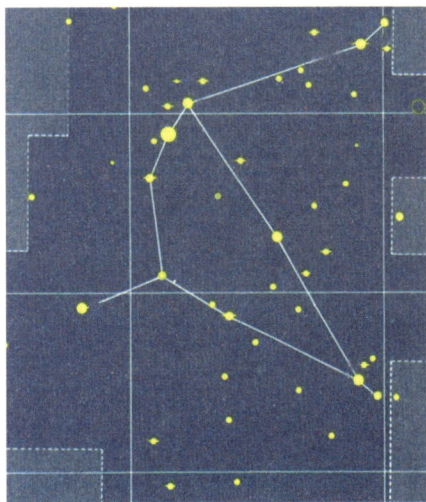

天鹰座

中国古老的七夕爱情神话中的主角。牛郎、织女与天鹅座的主星天津四在夏夜构成一个明亮的直角三角形，称为夏季大三角。

天琴座（织女星）。夏天的代表星座之一。在7月到8月的夏夜里高挂在银河的西侧。天琴座位于天鹅座、天龙座和武仙座之间，并隔着银河与天鹰座遥遥相对。中国古老的七夕有牛郎与织女的爱情神话，织女星（织女一）就是天琴座的主星α，而牛郎星则为天鹰座的主星。织女星旁边由四颗暗星组成的小小菱形就是织女织布用的梭子。希腊神话中天琴座是伟大音乐家奥菲斯所弹的竖琴。天琴座最亮的星为天琴α星（织女一）。织女星呈蓝、白色，是全天第五颗亮星，北天球排名第二，仅次于牧夫座的大角星，亮度为太阳的25倍。它离我们25.3光年，是第

一颗被天文学家准确测定距离的恒星。

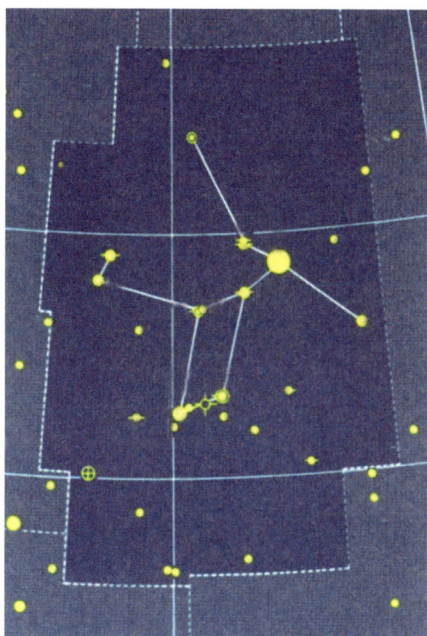

天琴座

人马座。一个南天黄道带星座，又称射手座。它是夏季夜空中最大、最显著的星座之一。它西接天蝎座、东连摩羯座，北面是蛇夫座、盾牌座和巨蛇座，南边则是一系列小型星座，如望远镜座、显微镜座、南冕座等。人马座面积为867.43平方度，占全天面积的2.103%，在全天88个星座中，面积排行第十五。

人马座有多达 15 个梅西叶天体——这是所有星座中最多的。其中很多用双筒望远镜就可以观测到。

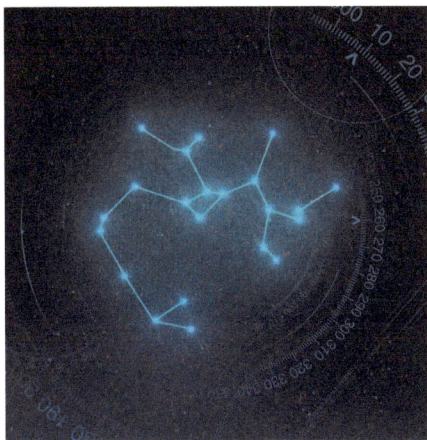

人马座

天蝎座。黄道带的第八星座。它是夏季夜空中最美丽的星座之一。天蝎座位于天秤座与射手座之间，上方为蛇夫座，下方则与人马座比邻，在 6 月至 9 月的南方天空可看到它的身影。它的轮廓像一只夹向前伸、尾巴微微倒卷的蝎子。当天空晴朗时，天蝎尾端的倒刺清晰可见。银河自西南方穿过天蝎尾部往东北延伸，经过牛郎织女所在的天鹰座及天琴座。

太阳于每年的 11 月 23 至 29 日通过天蝎北端的黄道带。在天蝎的心脏部位有一颗耀眼的红色亮星，此即为天蝎座的 α 星，中文名称为心宿二，是一颗红色的超巨星，也是全天的第十五亮星。心宿二位于黄道附近，它和同样处在黄道附近的金牛座毕宿五、狮子座的轩辕十四和南鱼座的北落师门一共四颗亮星，在天球上各相差大约 90°，正好每个季节一颗，它们被合称为黄道带的"四大天王"。

艺术家描绘的天蝎座

秋季星座

仙后座。秋天的代表星座之一。该星座中最亮的 β、α、γ、δ 和 ε 五颗星构成了一

41

个英文字母"M"或"W"的形状，这是仙后座最显著的标志。仙后座位于天球北极附近恒显圈内，终年都能看到。由秋季四边形的飞马座 γ 星和仙女座 α 星向北延长，有一颗明亮的 2 等星，它就是仙后座 β 星（沿这条线再向北可看到北极星）。仙后座的"W"与北斗七星隔北极星遥遥相对，当秋季仙后座升到天顶时，北斗正在天空最低处，这时在中国南方甚至都看不见它。没有北斗时，可连接仙后座的 δ 星和 ε 星与 γ 星的中点，向北延伸，就能找到北极星。1572 年的 11 月 11 日，仙后座突然出现了一颗在白天都可看到的"客星"。这颗星出现三周后开始变暗，直到 1574 年 3 月才从视野中消失。这种现象现代天文学上称为超新星。

仙女座。秋天的代表星座之一。它位于秋季四边形的东北角，被飞马座、仙后座、英仙座、双鱼座所围绕，可以说是秋天星空的中心星座。仙女座的 α 星与飞马座的 α、β、γ 三星组成一个四边形，称为秋季四边形，是秋天星空定方位的指标。

仙后座

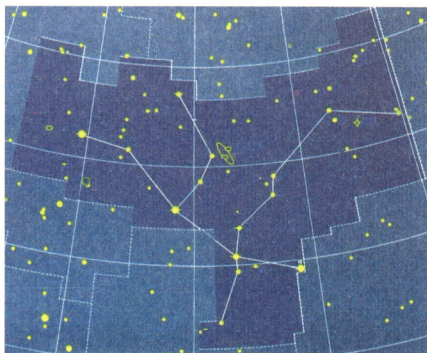

仙女座

冬季星座

金牛座。黄道带的第二个

星座。它是冬季星空中美丽又重要的星座之一。金牛座的轮廓像一只双角前伸的公牛，神话中这只公牛是天神宙斯的化身。金牛座的 α 星，中国古代称它为毕宿五。它和同样处在黄道附近的狮子座的轩辕十四、天蝎座的心宿二、南鱼座的北落师门共四颗亮星，在天球上各相差大约 90°，正好四季每个季一颗，它们被合称为黄道带的"四大天王"。

金牛座

猎户座。冬夜星空中最好认的一个星座。不仅位于天球赤道上，亦为冬季星座的中心，被金牛、御夫、双子、大犬、波江等明亮星座环绕着。其形状像一个左手持盾、右手挥刀，与面前的金牛搏斗中的猎人；而右下方的大犬座则是猎户的猎犬，希腊神话中猎户是强壮高大的猎人俄里翁，是勇敢、力量、胜利的象征。

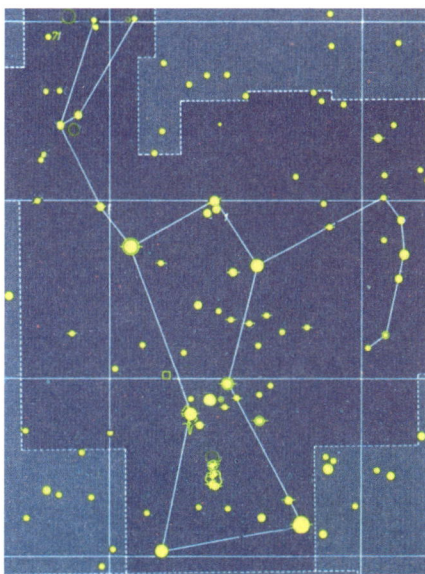

猎户座

地外文明

地球以外的天体上可能存在的智慧生物及其文明。根据确信生命的起源和演化是宇宙中的一个普遍规律的理念，一些天文学家认为生命的出现和存在、生物的栖息和繁衍也都是普遍规律。从 20 世纪下半叶起，陆续实施了一些地外文明的探索，如 60 年代的"奥兹玛"计划，70 年代的"独眼神"计划，80 年代的地外文明搜寻（SETI）计划，90 年代的微波观测计划、META 计划、"凤凰"计划等。采用的方法主要是用射电望远镜指向特选的恒星，搜索其行星上智慧社会发射的呼唤。2003 年开始的新一轮火星探测和 2005 年实现的土卫六着陆都是地外生命搜索项目。迄今尚未获得任何非自然信息。

飞碟

未经查明来历的空中飞行物。国际上通称 UFO，UFO 是不明飞行物的英文缩写。20 世纪 40 年代以来，有关国际组织汇集的关于 UFO 的举报总数超过 50 万例。经排查和证认，其中 45 万例或为已知飞行物，或为误报和谎报。迄今尚遗有 10％的事件仍属 UFO，有待继续证认。

天文台和天文仪器

天文台是从事天文观测和天文研究的机构，曾称观象台。天文台拥有各种类型的天文望远镜和测量、计算装置。除综合性天文台外，天文台根据所侧重的学科领域，分为天体物理台、天体测量台、太阳观测台等。按照探测天体辐射的不同波段，天文台又有光学天文台和射电天文台之别。根据台址所处的地基环境，有地基天文台和空间天文台之分。在以太空为搭载观测仪器的场所中，还可细分为卫星运载并环绕地球飞行的轨道天文台、飞机运载在大气高层观测的机载天文台、气球运载在高空探测的球载天文台等。

天文仪器是天文观测中聚光（或聚波）装置和附属设备的总称。前者包括适用于不同辐射波段的各种类型的天文望远镜及保障其运作的机械、电器或自动化装置，后者则包括具有探测、收录、分解、分析、存储观测信息和数据功能的多种仪器和设备。

反射望远镜，按照探测天体辐射的不同波段分为光学、射电、红外、紫外、X 射线和 γ 射线望远镜。

格林尼治皇家天文台旧址全景

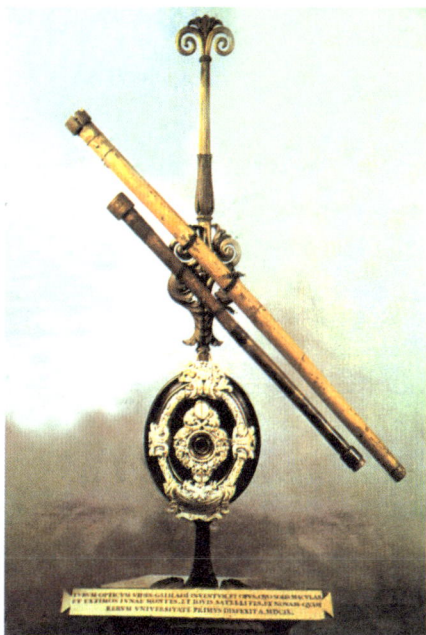

伽利略望远镜

天文望远镜

用于天文观测的望远镜。从 1609 年伽利略创制第一架天文望远镜到 20 世纪 30 年代建成第一架射电望远镜之间的 400 多年中，天文望远镜就是光学望远镜的同义语。现在，天文望远镜按照成像原理分为折射望远镜、反射望远镜和折

射电望远镜

接收并研究宇宙和天体的无线电波（频率 20 千赫至 3 吉赫，即射电）的强度、频谱或偏振及这三个量的变化的装置。包括收集射电波的定向天线，放大射电信号的高灵敏度接收机，信息记录、处理和显示系统，

计时系统，环境检测设备，计算机控制和管理系统等。经典射电望远镜的基本原理：由天体投射来的电磁波经抛物面反射后，同相到达公共焦点；射频信号功率首先在焦点处被放大并转换成较低频率，经进一步放大和检波，再记录、归算、处理和显示。

被誉为"中国天眼"的 500 米口径球面射电望远镜（新华社提供，欧东衢拍摄）

世界上第一台射电望远镜是由美国无线电工程师 K.G. 央斯基在 1932 年制造的，由此发现并确认了来自银河系中心方向的宇宙射电，从而开启了射电天文的历史。2016 年 9 月于中国贵州黔南落成启用的 500 米口径球面射电望远镜（简称 FAST），是世界上单口径最大、最灵敏的射电望远镜。

空间望远镜

设置在地球大气高层或大气之外的天文望远镜。按观测波段和观测对象可分为光学-红外空间望远镜、天体测量空间望远镜、空间太阳望远镜、红外望远镜、紫外望远镜、X 射线望远镜和 γ 射线望远镜。

哈勃空间望远镜

美国国家航空航天局和欧洲空间局联合研制的口径 2.4 米的光学-近红外空间望远镜。简称 HST。以观测宇宙学奠基者、美国天文学家 E.P. 哈勃的姓氏命名。于 1990 年发射升空，在环地轨道上运行。哈勃空间望远镜在近 30 年间成功地运作和观天，取得大量高质量的观测资料。天文学家据此发现了为数众多的新天象，完成了大批研究成果，如揭示 100 亿～130 亿光年以外宇宙早期和极早期的天象，发现导致宇宙加速膨胀的暗能量，修订计量宇宙距离尺度的哈勃常数，观测到许多形态各异的恒星诞生区、褐矮星、双小行星，发现众多的类木行星的卫星等。

飞行中的哈勃空间望远镜

"阿波罗"登月

1969 年 7 月 16 日，美国"阿波罗"11 号载人飞船升空。7 月 20 日，宇航员 N.阿姆斯特朗左脚踏到月球上，这一步象征着人类历史发展的一大步。"阿波罗"计划是 20 世纪 60 ～ 70 年代美国实施的载人登月工程。计划有：确定登月方案和登月飞行的辅助计划、研制运载火箭和试验飞行、研制"阿波罗"号飞船，以及实

现载人登月飞行。其中辅助计划共有四项研制开发："徘徊者"号探测器、"勘测者"号探测器、"月球轨道环行器"和"双子星座"号飞船。"阿波罗"登月飞行从 1966 到 1972 年有"1 ～ 17"号阿波罗飞船发射，除"阿波罗"13 号飞船因服务舱故障中途终止登月任务外，共 12 人实现了登月的壮举。

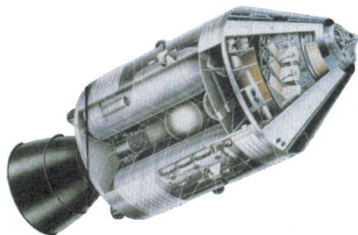

"阿波罗"号飞船

"阿波罗"11 号宇航员 B. 奥尔德林在月球表面

"嫦娥"卫星

2004年1月23日，国务院批准绕月探测工程，即中国月球探测工程一期工程立项。经国务院批准成立了由国防科工委（2008年撤销）牵头，国家发改委、科技部、财政部、中国科学院、中国航天科技集团公司等单位参加的绕月探测工程领导小组，并将中国的月球探测工程命名为"嫦娥"工程。第一颗月球探测卫星被命名为"嫦娥"1号。2007年、2010年，中国发射了"嫦娥"1号和2号卫星。2013年、2018年、2020年中国相继发射了"嫦娥"3号、4号和5号探测器。

"嫦娥工程"

"嫦娥"1号运行图

羲和

传说中的中国古代掌管天文历法的人。相传他是黄帝时代的官。《史记·历书》记载："黄帝考定星历。"同书《索隐》引《系本》及《律历志》："黄帝使羲和占日，常仪占月……容成综此六术而著《调历》。"所谓"占日"是指观测太阳，计算日子，等等。在关于唐尧的传说中，羲和是掌管天文的家族，有羲仲、羲叔、和仲、和叔四人，被尧派往东、南、西、北四方，去观测昏中星，参照物候来定二分、二至的日子，以确定季节，安排历法。最有名的传说见于《尚书·胤征》篇。羲和是夏仲康王的天文官。因他沉湎于酒色而荒废了天象的观测和推算，造成了意外的惊慌。于是仲康王依据《政典》（法律）："先时者杀无赦，不及时者杀无赦"，命胤侯征伐羲和。因为羲和是传说中掌天文的官，主张复古的王莽在掌权后就把天文官改称羲和。著名天文学家刘歆就曾被任命担任羲和这个官职。又因为羲和在传说中与观测太阳有关，所以在古代神话故事中有的把羲和塑造为太阳的母亲。

张衡

（78～139）

中国东汉科学家、文学家、思想家。字平子。南阳西鄂（今河南南阳石桥镇）人。少年时曾到西汉故都长安和首都洛阳参观游学。永初五年

张衡

（111）到京城，担任郎中与尚书侍郎。元初二年（115）起，两度担任太史令。还曾任侍中、河间相等职。

他在天文学和地学方面都有卓越的贡献。天文学方面，他的《灵宪》和《浑天仪·图注》是两部经典著作。前者是早期天体物理学方面的著作，后者是中国古代宇宙论的标准模型——浑天说的代表作。他还亲自设计和制造了漏水转浑天仪。地学方面，他以发明候风地动仪闻名于世。另著有数学著作《算罔论》。他是东汉有名的文学家，代表作有《二京赋》《归田赋》《四愁诗》等。

张衡地动仪

中国古代测验地震方位的仪器,人类史上第一架验震器。曾称候风地动仪。东汉张衡于永建七年（132）创制。失传于3~4世纪的动乱中。

张衡地动仪的复原模型（2004）

该仪器系青铜铸造,整体造型宛若汉代酒樽,直径八尺（汉建初尺,一尺约相当于0.24米）,顶盖穹隆,樽壁附八个口衔铜丸的龙首,下部由八只张口的蟾蜍承托樽体,蟾蜍与龙首上下对应。仪器表面雕刻四灵纹饰和八卦,以示八方。早期设想:仪器内部的中央有一根都柱,旁设八条滑道、触发机构和传动杠杆。遇有地震,樽体被摇晃,各部件启动,触动一个龙首的铜丸落入蟾蜍口中,发出激扬之声以报警。仪器曾测到阳嘉三年十一月壬寅（134年12月13日）的陇西(今甘肃天水一带)地震。

一行

（683~727）

一行

中国唐代天文学家和佛学家。本名张遂。魏州昌乐（今河南南乐）人。青年时期即以学识渊博闻名于长安。为避开武三思,剃度为僧,取名一行。先后在嵩山、天台山学习佛教经典和天文、数学。曾翻译过多种印度佛经,后成为佛教密宗的领袖。

开元十二年（724）,一行

和梁令瓒共同创制黄道游仪。后又共同设计制造水运浑象仪。十二年起，一行主持大规模的全国天文大地测量，并根据测量数据进行归算，求出地球子午线一度之长。十三年起，一行开始编制历法。经过两年时间，写成草稿，定名为《大衍历》。随即去世。

郭守敬

（1231～1316）

中国元代天文学家、数学家、水利专家和仪器制造家。字若思。顺德邢台（今属河北）人。

郭守敬

幼承家学，攻研天文、算学、水利之学。32岁出仕元廷。他多次参加整治华北水利工程，颇有贡献。至元十三年（1276）受命参与制定新历法。十七年编成新历，即《授时历》。他为修历而设计和监制了简仪、高表等新仪器。他主持了27个地方的日影测量、北极出地高度和二分二至日昼夜时刻的测定。他通过晷影测量，结合历史资料加以归算，得出精确的回归年长度。十八年，郭守敬任太史令。编述有《推步》等天文历法著作。晚年，郭守敬致力于河工水利，兼任都水监。他提出并完成通惠河工程。

张钰哲

（1902-02-16～1986-07-21）

中国天文学家。生于福建闽侯。1919年考入清华学校高等科。

张钰哲

1923年赴美，先后就读于普渡大学、康奈尔大学和芝加哥大学。1928年发现1125号小行星，命名为"中华"。1929 年获博士学位后回国，任中央大学物理系教授。1941 年起任中央研究院天文研究所所长。中华人民共和国成立后至 1984 年，任中国科学院紫金山天文台台长。1955 年当选为中国科学院学部委员。

他长期致力于小行星和彗星的观测和轨道计算工作。他和他领导的行星研究室陆续发现 100 多颗星历表上没有编号的小行星和以"紫金山"命名的 3 颗新彗星。为表彰他在天文学上的贡献，1978 年 8 月的《国际小行星通报》公布，将新编号的 2051 号小行星定名为"张"——（2051）Chang。著述主要有《变化小行星的光电测光》等。

阿利斯塔克

（约前 3 世纪）

古代希腊天文学家。生于爱琴海上的萨摩斯岛。公元前 230 ~ 前 210 年，他提出太阳在宇宙中心，与恒星一样都静止不动，地球则与诸行星一样沿圆形轨道绕太阳运动，同时绕轴自转。F. 恩格斯称他为"古代的哥白尼"。现存著作有《论日月的大小和距离》。书中记载，他测得月亮上弦、下弦时日地连线与月地连线之间的角距离为 87°，由此推算出月地距离与日地距离之比为 1:18 ~ 1:20。结果虽不精确，但因原理简明，这种方法被应用了一千多年。他还提出过一种测定月食时月球视直径和地影直径的比例关系的方法，以确定日、月、地三者大小之比。

托勒玫

（约 100 ~ 约 170）

古罗马时期天文学家、地理学家、地图学家、数学

托勒玫

家。又译托勒密或多禄某。相传生于上埃及的一个希腊化城市。127～151年在埃及的亚历山大城进行天文观测。他总结了希腊古代天文学的成就，特别是依巴谷的工作。他把用偏心圆或小轮体系解释天体运动的地球中心说加以系统化和论证，后世遂把这种地心体系冠以他的名字。他主要依据依巴谷留下的观测资料，编制了有1022颗恒星的黄道坐标和星等的星表，发现北天极在星空中的位置变动，明确提出存在大气折射（蒙气差）现象。他对三角学和球面三角学的发展也做出了重要贡献。所著《天文学大成》是当时天文学的百科全书。另著有《地理学指南》《光学》等。

哥白尼，N.
（1473-02-19～1543-05-24）

波兰天文学家、日心说的创立者、近代天文学的奠基人。生于波兰托伦城。18岁进克拉科夫大学。1497年后，先后在博洛尼亚大学、帕多瓦大学和费拉拉大学学习。1503年在费拉拉大学获得教会法博士学位。同年回到波兰。1512年后，他在弗龙堡教堂做僧正，把大部分精力用在天文学的研究上。

哥白尼

哥白尼建立起一个新的宇宙体系，即太阳居于宇宙的中心静止不动，包括地球在内的行星都绕太阳转动的日心体系。他系统而明晰地批判了地球中心说，并且从物理学的角度对日心地动说可能遭到的责难提出了答复。他用了30多年的时间去测算、校核、修订他的学说。1543年5月，其主要著作《天体运行论》出版。

哥白尼的学说不仅改变了

那个时代人类对宇宙的认识，而且从根本上动摇了欧洲中世纪宗教神学的理论基础。

开普勒，J.

（1571-12-17 ～ 1630-11-15）

德国天文学家、物理学家、数学家。生于德国巴符州。1587年进入蒂宾根大学神学院学习，1591年获文学硕士学位。1600年到布拉格，任B.第谷的助手。次年第谷去世，他继任御前数学家。

开普勒

1604年，他对在蛇夫座附近出现的一颗超新星（后被命名为开普勒超新星）进行观测和研究；提出大气有质量，建立大气折射的近似定律。1609年出版《新天文学》，提出行星运动第一、第二定律。1611年出版《屈光学》，并改进望远镜。1615年出版的《酒桶新立体几何》一书，是微积分的先声。1619年出版《宇宙谐和论》，公布他所发现的行星运动第三定律。1621年出版《哥白尼天文学概要》，提出行星运动的开普勒方程。1627年编成《鲁道夫星表》。

哈雷，E.

（1656-11-08 ～ 1742-01-14）

英国天文学家、数学家和地球物理学家。生于伦敦附近的哈格斯顿。1673年进入牛津大学女王学院学习，1703年任牛津大学教授，1720年任格林尼治皇家天文台台长。

哈雷

1676年在圣赫勒拿岛建立南半球的第一个天文台，并测量编制了第一个南天星表和星图。1678年被选为皇家学会会员。1691 年提出利用金星凌日测定太阳视差的方法。1695 年预言月球的平均运动存在长期加速现象。1705 年发表《彗星天文学论说》，阐述 1337 ～ 1698 年观测到的 24 颗彗星的轨道。他发现和预言了哈雷彗星。1717 年还发现了天狼、南河三和大角 3 颗星的自行。

在数学方面，哈雷对高等几何、对数计算和三角函数有精深的研究。在地球物理学方面，哈雷首先发现信风，系统研究了主要风系与主要海流的关系；创制蒸发器，利用蒸发器测量地中海海水的蒸发量，成为现代水文学的奠基人之一；制成大西洋和太平洋地磁图。

赫歇耳，F.W.

（1738-11-15 ～ 1822-08-25）

英国天文学家。生于德国汉诺威。1757 年移居英国。1779 年起，用自制望远镜从事巡天观测。

赫歇耳

1781 年 3 月发现太阳系中新的行星——天王星。随后被聘为宫廷天文学家。1783 年推断出太阳有向武仙座方向的空间运动。1785 年，他用统计恒星数目的方法证实银河系为扁平状圆盘的假说。1787 年和 1789 年先后发现天王星和土星各有两颗卫星。英国皇家学会为此授予他柯普莱奖章，并选他为会员。1782 ～ 1821 年三次刊发包含 656 对新发现的双星的星表。1802 ～ 1804 年，他发现大多数双星中都有一星绕另一星的轨道运动。1786 ～ 1802 年三次出版星团和星云表，记录 2500 个星团和星云。1820 年成为英国皇家天文学会首任会长。

哈勃，E.P.

（1889-11-20 ～ 1953-09-28）

美国天文学家、星系天文学的奠基人、观测宇宙学的开创者之

哈勃

一。生于密苏里州马什菲尔德。1910年毕业于芝加哥大学天文系。1917年获美国叶凯士天文台博士学位。1919年起在威尔逊山天文台工作，直到去世。

1914年他提出有一些星云是银河系内的气团。他发现亮银河星云的视直径同使星云发光的恒星亮度有关，并推测另一些星云，特别是具有旋涡结构的，可能是更遥远的天体系统。1924年发现仙女座大星云的造父变星，并推算出它在银河系之外。1929年发现，星系的距离越远，红移越大，即哈勃定律。1925年提出河外星系的形态分类法，即哈勃分类法。此法一直沿用至今。

哈勃的《星云世界》和《用观测手段探索宇宙学问题》都是现代天文学名著。

奥妙天文猜猜看

一、占星术真的有道理吗

占星术，是通过观测天象来预卜人间事务的一种方术。又称星占术。远古时期，由于知识水平和生产力都很低下，不可避免地产生对超自然力的崇拜，认为上天的意志主宰着人间的吉凶祸福，还认为"天垂象，见吉凶"，上天会显示天象，给人以吉凶的预兆。占星术正是在这样的情况下产生的。

约公元前 3 世纪，占星术起源于美索不达米亚，在古希腊、古罗马时代非常盛行。中世纪传入中亚和印度，后流行于西方。17 世纪衰落，但至今依然存在。中国至晚在西周已出现占星术，称为星占。占星术主要是用星象来占卜国家的兴亡、国君的安危、战争的胜负、收成的丰歉等社会重大事件。占星术牵强地把天象与人事联系在一起，是非科学的。但占星术对古代天文学的发展有一定促进作用。为了进行星占而引发注意观测天象，中国古代丰富的天象记载大多都是古人为了星占动机记录下来的，它们对解决当代某些重大天文课题具有学术价值。古代天文学家往往也是占星家，古代的天文学著作也往往带有占星术的成分。

二、冥外行星"X"是否存在

X行星是设想中存在的太阳系第十大行星，又称冥外行星。1930年发现冥王星后，由于质量太小，它的摄动力不足以产生海王星轨道运动的计算值和观测值的偏差，所以认为在冥王星之外还存在一个行星。从20世纪30年代起，美国洛韦尔天文台开始旨在发现冥外行星的探寻。经过近40年的搜索，在黄道带附近，没有观测到任何亮度超过冥王星亮度1/10的、环绕太阳运行的天体。21世纪以来，科学家利用大型光学望远镜，相继在海王星轨道外侧发现了几个比冥王星卫星还大的天体，如赛德娜，以及一个比冥王星还大些的齐娜。它们的共同特征是公转轨道相当扁椭，且与黄道面倾角很大。现在一般认为它们都是柯伊伯带天体。2006年，按照新的《行星定义》，冥王星和齐娜星都属于矮行星，从此X行星的"X"也不再具有"第十"的寓意。

三、月球是从哪里"蹦"出来的

在20世纪70年代之前，月球的起源主要有三种理论：俘获说、同源说和分裂说。80年代初，关于月球起源的探索出现了重大突破。首先，新兴的混沌动力学指出，太阳系诞生的早期，行星的轨道仅能稳定几百万年，随即因受木星和土星的摄动而快速演变，继而出现频繁的大碰撞事件。其次，运用超大型计算机实现的三维流体力学模拟显示，曾有一个大小和火星近似的天体与形成不久的地球遭遇，发生偏心碰撞。该天体和幼年地球的一部分地幔被反弹到太空，其富铁的内核则融入地核，弹出的碎片又快速地重新聚集成为今日的月球。这一名为"大碰撞"的月球起源假说，不仅兼具俘获说、同源说和分裂说的合理之处，还能很好地阐释月球和地月系的轨道、角动量等运动学特征，以及成分、结构等方面的特征。"大碰撞"说是当前最为流行的月球起源假说。

四、通古斯大爆炸之谜

通古斯大爆炸是 1908 年 6 月 30 日发生于俄国西伯利亚通古斯地区的巨大空中爆炸事件。这天早晨，在西伯利亚上空突然出现一个大火球，比太阳还亮，同时发出震耳欲聋的爆炸声，在 1000 平方千米以内都可听到，还有一团蘑菇状浓烟蹿至 20 千米的高空。爆炸产生的冲击波摧毁了几百平方千米的森林，灼热的气浪席卷整个泰加大森林，树木大片倒下。在中心地区 3000 米范围内，出现直径 1 ~ 50 米的坑穴 200 多个，周围的树木呈放射状向外侧倾倒。爆炸的气浪使西伯利亚东部出现强烈的气流。英吉利海峡彼岸的英国气象中心也监测到大气压持续 20 分钟的上下剧烈波动。全球各地的地震仪都记录到了明显的震波，震波甚至绕行地球两圈。连续两个晚上，天空异常明亮。

通古斯大爆炸的成因至今未有定论，一般认为是一颗直径约 60 ~ 70 米的小彗星的冰核与地球相遇，下坠到西伯利亚通古斯地区上空发生爆炸。你认为呢？

下篇

物理学

研究物质运动规律及物质基本结构的学科。物理学简称"物理"，在希腊语中的意思是"自然哲理"。在古代欧洲，物理学是自然科学的总称。后来随着自然科学的发展，它的各个分支先后形成独立的学科，如物理学、化学、生物学、地质学、天文学等。

在物理学的发展过程中，经典力学占有重要的地位，它研究宏观物体的低速机械运动的现象和规律。17世纪，英国物理学家 I. 牛顿，在意大利天文学家伽利略、德国天文学家 J. 开普勒等人研究的基础上，总结出牛顿运动定律和万有引

在物理学的不同发展时期，都有着做出伟大贡献的代表人物，如奠定了经典力学基础的伽利略和牛顿，开辟了原子能应用新世纪的居里夫人，创建了对空间和时间概念进行伟大变革理论的爱因斯坦

力定律，为经典力学奠定了基础。19世纪，英国物理学家 J.P. 焦耳、法国物理学家 S. 卡诺、德国物理学家 R. 克劳修斯等人，提出了热力学第一定律和热力学第二定律。19世纪下半叶，英国物理学家 J.C. 麦克斯韦提出了描述电磁场的基本规律的麦克斯韦方程组，预言了电磁波的存在，奠定了经典电动力学的基础。20世纪初，物理学家 A. 爱因斯坦从实际出发，对空间和时间的概念进行了深刻的分析，从而建立了新的时空观。在此基础上，1905年他提出了狭义相对论，1915年又提出了广义相对论。量子力学和量子电动力学也是20世纪发展起来的新兴学科，它们不仅应用于原子物理学，也应用于分子物理学、原子核物理学以及对宏观物体的微观结构的研究。量子电动力学研究的是量子化的磁场，它的一些结

论的精确性达到自然科学中前所未有的高度。

通常根据所研究的物质运动形态和存在形式的不同，将物理学分为力学、声学、热学和分子物理学、光学、电磁学、原子物理学、原子核物理学、固体物理学（包括半导体物理学）、粒子物理学（又称高能物理学）等分支学科。但这种分类法并不十分稳定，它随着科学的发展而不断变化。但可以肯定的是，随着人类对自然界认识的不断扩展和深入，物理学内容也必将不断扩展和深入，物理学的应用也必将越来越广泛。

物理量

量度物质的属性和描述其运动状态时所用的各种量值。各种物理量都有自己的量度单位，并以选定的物质在规定条件下所显示的数量作为基本量

单位的标准。例如，长度的度量单位是米，在 1960 年 10 月的第 11 届国际计量大会中通过一项决议，规定 1 米等于氪 -86 在真空中发生 $^2p_{10}$ 和 $^5d_5$ 能级之间跃迁时，所发射的橙色光波波长的 1650763.73 倍，这样规定的米称为原子米。后来随着科技的发展，标准米的规定越来越先进，到 1983 年第 17 届国际计量大会上，又通过了米的新规定："米是光在真空中，在 1/299792458 秒的时间间隔内运行距离的长度。"这个定义将长度单位与时间单位结合起来。

为便于国际交流，物理学家们创建了国际单位制。国际单位制简称"国际制"，代号 SI，是 1960 年第 11 届国际计量大会制定的适合一切计量领域的单位制。它规定长度、时间、质量、温度、电流强度、发光强度和物质的量等 7 个量为基本量，称为基本物理量，它们的单位米（m）、秒（s）、千克（kg）、开尔文（K）、安培（A）、坎德拉（cd）和摩尔（mol）为 7 个基本单位，还规定了两个辅助单位即弧度和球面度。其余物理量则根据基本量和有关方程来表示，称为导出量，其单位是通过它们与基本单位的关系来确定，称作导出单位。

应用 7 个基本物理量，就可以导出物理学中的各个物理量。例如，所有的力学量都是由长度、质量和时间这 3 个基本量构成的。在电学领域，上述 3 个基本量再加上电流强度这一基本量，就可以导出所有电学物理量。

物理实验

人们根据研究的目的，运用科学仪器设备，人为地控制、模拟或纯化某种自然过程，使之按预期的进程发展，同时在尽可能减少干扰客观状态的前提下进行观测，以探究物理过程变化规律的一种科学活动。物理实验主要包括探究性实验、测量性实验和验证性实验等。探究性实验就是运用科学的方法，通过探索去发现人们尚未认识的科学事物及其规律的过程。探究性实验具有多种多样的形式，其主要要素有：提出问题、猜想与假设、制订计划与设计实验、进行实验与收集证据、分析与论证、评估、交流与合作。在具体的实验探究过程中，上述7个要素可以进行组合、改变顺序、合理增减。可以说没有探究性实验，物理学就不可能发展。

上海文来中学高中部物理实验室

16世纪，伽利略提倡的数学与实验相结合的研究方法得到学术界公认之后，逐渐形成物理这门学科。牛顿力学统治物理学长达200多年，到了19世纪末20世纪初，物理学开始了一个新的发展时期。人们进行了大量的实验探究工作。19世纪后半叶，英国科学家J.J.汤姆孙进行了一系列的实验研究，终于在1897年确认阴极射线是带负电的粒子——电子。1900年，M.普朗克在辐射能量不连续的概念下导出了完全符合实验数据的黑体辐射公式，导致量子理论的出现。1905年A.爱因斯坦在新的时空概念基础上发表了狭义相对论，完美地解释了光速不变的实验结果。1911年，英国物理学家E.卢瑟福用实验确定了原子核内的正电荷集中在很小的范围内，从而提出了原子的核式结构。20世纪初，由于居里夫妇、卢瑟福等许多人的大量实验工作，物理学向原子、原子核、电子等微观方向发展，也向高速（接近光速）方向发展。伴随着这些近代物理实验，物理学家逐步建立了相应的理论系统。

物理学是一门实验科学，实验在不断地修正理论，新的理论也在不断地指导新的实验。

力

物体之间使物体改变运动状态或发生形变的相互作用，是物理学中使用最广泛、最重要的基本概念之一。力是不能离开物体而单独存在的，一个物体受到力的作用，一定有另一个物体对它施加这种作用。力有很多种，如地球的引力、大气压力、物体运动所受的空气或水的阻力、电磁引力和斥力、物体相互接触时的压力及摩擦力等。一般按照力的性质分为场力（包括重力、电场力

等）、弹力（压力、张力、拉力等）、摩擦力（静摩擦力、滑动摩擦力等）。自然界物质之间的相互作用力则可以归纳为 4 种：万有引力、电磁力、原子核各成分间的强相互作用力和弱相互作用力。

描述一个力一般从 3 个方面进行，即力的三要素：力的大小、方向和作用点。力的大小用测力计来测量，单位是牛顿，国际符号是 N。它是这样规定的：使质量为 1 千克的物体获得 1 米 / 秒 ^{2} 的加速度的力为 1 牛顿。力是有方向的，如物体受到的重力总是竖直向下的，在液体中受到的浮力总是竖直向上的。力的方向不同，作用效果也不同。如用力拉弹簧，弹簧伸长；用力压弹簧，弹簧就会缩短。因此要把一个力完全表达出来时，不仅仅要考虑力的大小，还要考虑力的方向，同时还要考虑力作用在

物体上的具体位置，即力的作用点。

在研究力时，为了直观地说明力的作用，常常用一根带箭头的有向线段来表示力。线段的长短表示力的大小，箭头表示力的方向，习惯上用箭尾表示力的作用点（有时也用箭头表示）。从力的作用点沿力的方向所画的直线叫力的作用线，这种表示力的方法称作力的图示法。

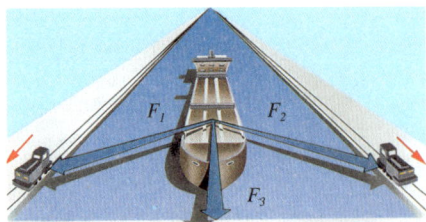

物体受到的力往往不止一个，也不全是同一个方向，比如这艘正在通过运河的轮船，在牵引力 F_1 和 F_2 的共同作用下前进，F_3 是 F_1 和 F_2 的合力

质量和密度

质量是物体惯性（见牛顿运动定律）大小的量度。它的国际单位是千克，可以用天平进行测量。质量是物质本身的属性，用符号 m 表示。在经典物理学中认为它与物体的温度、位置、形状和运动状态无关。例如，质量是 1 千克的一瓶水，无论水温如何，质量都不变；加热变为水蒸气或放热结冰后，质量还是不变；放到高山上甚至被宇航员带到月球上，质量仍是 1 千克。

人们都有这样的经验，一杯水结成冰后虽然质量并没有发生变化，但是体积变大了，这是由于水和冰在某一方面的物理性质不同所造成的。反映这一性质的物理量是密度。密度是某种物质单位体积的质量，是该物质的特性之一。不同物质的密度一般不同；同一种物质的密度一般不变，与这种物质的形状、体积和质量的大小无关。在国际单位制中，密度的单位是千克／米^3。

密度是物质的一种特性，

因此可以利用密度来鉴别物质或计算不便直接称量的物体的质量，还可以计算形状复杂的物体的体积。

重力

由于地球对物体的吸引而使物体受到的力。重力的方向总是竖直向下的，即物体自由下落的方向。重力的国际单位是牛顿。当人们向离开地心的方向移动时，重力会减小；进行太空航行的人，会产生没有重力的奇异感觉，那是因为航天器在轨道上绕地球飞行时产生的离心力抵消了重力。重力是人们生存的重要条件之一，如果没有重力，大气将漂浮散去，人类的生命也将完结。

既然受重力作用的物体总是要落向地面，从这个意义上说，任何天体产生的使物体向该天体表面降落的力，都可以称为"重力"，如月球重力、火

星重力等。由于地球并不是一个真正的圆球，而是一个在赤道处半径最大的扁球，并且由于地球在不停地自转，所以同一物体在地球不同的纬度上所受重力略有不同，从赤道到两极是逐渐增加的。

生活中常说的物体的重量实际上是质量的习惯叫法，把重量当成质量是不准确的。国际计量大会提出，在科技术语中不再使用重量这个词语，用质量代替重量。

物体各部分所受重力的合力的作用点称作重心。重心是物体中的一个定点，与物体所在的位置和怎样放置没有关系。对于规则均匀的物体来说，它的重心就在物体的几何中心，如均匀球体的重心在球心，均匀长方体的重心在它的体对角线的交点上。均匀圆环的重心在它的中心，在这种情况下，物体的重心不在物体上。不均

匀物体重心的位置除了跟它的形状有关，还跟物体内部的质量分布有关。

重力探矿 由于地球上各地区的地形不同，特别是地质构造不同，物体在各地所受地球的引力就会发生变化，物体所受的重力也会发生变化，在埋有密度较大的矿石附近地区，物体受到的重力要比周围地区稍大一些。利用重力的这些变化，可以探测石油、铁矿、煤矿和其他矿床，这种探矿方法称作"重力探矿"。

失重和超重

当一个物体加速上升或减速下降时，支持物对物体的支持力或悬挂物对物体的拉力大于物体的重力，这就是超重；反之，当一个物体减速上升或加速下降时，支持物对物体的支持力或悬挂物对物体的拉力将小于物体的重力，这就是失重。在日常生活中，绝大多数的情况下，人们受到的重力和支持力或拉力是平衡的，因此没有什么异样的感觉。但在一些特殊的情况下，重力和支持力或拉力不平衡，就造成了失

重和超重。失重和超重现象可以用牛顿运动定律来进行解释。

人造地球卫星或航天飞机在发射过程中加速升高或返回地球进入大气层减速降落时，都有一个向上的加速度，都会发生超重现象。超重不能过大，否则超出一定限度后宇航员就有生命危险。在人造卫星进入轨道以后，有一个向下的指向地球的加速度，这个加速度就是卫星绕地球做圆周运动的向

航天员在太空行走时，要穿着装有空气供应、通信设备以及喷射推力系统的太空服，以便他们在失重状态下行动

心加速度，因而发生失重现象，这时宇航员的动作就像电影中的慢镜头一样，迟缓有趣，而且舱内不论什么物体，都得固定住，不然就要满舱飞舞。

弹力

物体受外力作用形状和体积发生改变（这种改变称为形变）时，物体内部产生的反抗外力、恢复原来形状的力，又称弹性力。正是因为弹簧发生了形变，为了恢复原来的形状，弹簧内部才产生了弹力。

弹力一般产生在直接接触的物体之间，并以物体发生形变为先决条件。它的方向跟使物体产生形变的外力的方向相反。物体的形变是多种多样的，不仅弹簧可以发生形变，常见的很多物体，如地面、桌面、墙壁、绳子等，都可以在外力的作用下发生形变，因此对应的弹力也以各种各样的形式表现出来，如压力、拉力、支持力等。例如，放在水平桌面上的物体，由于受到重力作用，因此对桌面有一个向下的压力，使桌面发生了微小的形变，桌面为了恢复原状，将产生一个垂直桌面向上的弹力，此弹力作用在物体上，通常称为支持力。

胡克定律

弹簧产生的弹力与其形变大小成正比，这个特性是英国物理学家 R. 胡克于 1678 年在一篇论文中提出的，因此被称为"胡克定律"。

胡克定律是物理学中的基本定律之一。利用弹簧的这个性质，可以制成弹簧测力计，用来测量作用力的大小和物体受到的重力。常见的测力计是拉力弹簧测力计，此外还有压力测力计。拉力弹簧测力计的主要结构是一根钢质的弹簧，弹簧的上端固定在壳顶的环上，下端和一只钩子连接在一起。把要称量的物体挂在钩子上，弹簧就会伸长，当物体静止后，物体所受到的弹力就等于物体的重力，而且在弹性限度内，弹力大小与弹簧形变大小成正比，因此物体所受的重力可以根据测力计指针指在外壳上的标度直接读出。

摩擦

相互接触的两物体，在其接触表面上沿切线方向发生的阻碍物体相对运动的现象。阻碍相对运动的力叫摩擦力。按照其特点，摩擦可以分为静摩擦、滑动摩擦和滚动摩擦。

未能推动一张放在地面上的桌子，这时物体之间没有发生相对滑动，仅仅有滑动的趋势，这样产生的摩擦称作静摩擦。静摩擦力的方向与物体的相对运动趋势方向相反。静摩

擦力是很常见的，拿在手中的瓶子、钢笔不会滑落，就是静摩擦力作用的结果；能把线织成布，从而把布缝成衣服，也是靠纱线之间的静摩擦力的作用。

滑动摩擦也很常见，桌子推动后，松手又会停下，必须要不停地用力才能使它继续运动下去，这就是存在滑动摩擦的缘故。物体之间发生相对滑动时产生的力称作滑动摩擦力。滑动摩擦力 f 的方向与物体相对运动的方向相反，并与物体表面间的正压力 N 的大小成正比，即 $f = \mu N$，其中 μ 是滑动摩擦系数，它与制成物体的材料和接触面的粗糙程度有关。

滚动摩擦是一个物体在另一个物体上滚动或有滚动趋势时，在接触面处产生的阻碍滚动前进的作用。一般情况下，物体之间的滚动摩擦力远小于滑动摩擦力，所以

滚动物体要比推动物体省力得多。

由于摩擦的存在，人们为达到目的，不得不浪费大量的能量来克服摩擦。而且，摩擦生热又限制着一些工业技术的发展。在工业生产中，常常采用涂润滑剂和减小压力的办法来减小摩擦的不利影响。摩擦的存在也影响着高科技的发展。例如，发射火箭必须要考虑到高速运行的火箭与大气之间的摩擦。摩擦带给人们的也不全是弊端，在工作和生活中利用摩擦的地方也很多。自行车刹车闸皮便是利用摩擦的很好的例子。摩擦在生产技术中的应用也很多，如皮带运输机就是靠货物与传送带之间的静摩擦力传输货物的。

作用力和反作用力

力总是成对出现，并且是同时出现。如甲物体对乙物体有力的作用，那么乙物体对甲物体也一定有力的作用，这就是作用力与反作用力。值得我们注意的有两点：一是作用力和反作用力总是大小相等、方向相反、在同一直线上，同时存在，同时消失。但是作用力和反作用力分别作用在两个不同的物体上，所以是不可能相互抵消的；二是作用力和反作用力属于同一性质的力，如果一个力是弹力，另一个力也必定是弹力。两者没有本质的区别，不能说哪个力是起因，哪个力是结果，两个力中的任何一个都可以被看成是作用力，另一个力相对来说就成了反作用力。

作用力与反作用力在生活、生产和科学技术中应用非常广泛。人能够游泳、轮船的螺旋桨和气垫船的工作都与作用力和反作用力原理有关。火箭在燃料被点燃后喷出高温高压的气体，喷出的气体同时给它一个反作用力，推动火箭前进。

脚给地面一个作用力，地面对脚就产生一个反作用力，人体因此前进

作用力

反作用力

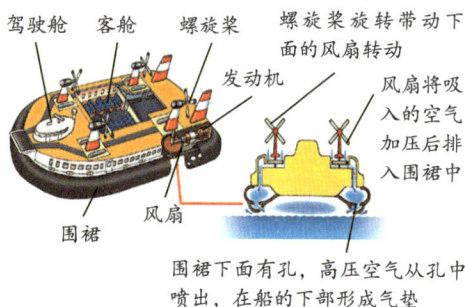

驾驶舱　客舱　螺旋桨

螺旋桨旋转带动下面的风扇转动

发动机

风扇将吸入的空气加压后排入围裙中

围裙

风扇

围裙下面有孔，高压空气从孔中喷出，在船的下部形成气垫

气垫船构造及原理图

气垫船包括全垫升式气垫船、侧壁式气垫船和双体式气垫船三种。多用作高速短途客船、交通船、渡船等，也用于军事目的，航速可达 60 ～ 80 海里每小时。气垫船的缺点是耐波性较差，在风浪中航行失速较大。

气垫船

利用高压空气在船底和水面（或地面）间形成气垫，使船体全部或部分垫升而实现高速航行的船。气垫是用大功率鼓风机将空气压入船底下，由船底周围的柔性围裙或刚性侧壁等气封装置限制其逸出而形成的。

平衡力

如果物体处于静止状态或处于匀速直线运动状态中，我们就说这个物体处于平衡状态。如果物体只受两个力而处于平衡状态，就称作二力平衡。这两个力又称一对平衡力。二力平衡的条件是：作用在同一个物体上的两个力，大小相等、方向相反，并且在同一条直线上。二力平衡时，它们的合力为零。现实生活中做匀速直线运动或处于静止状态的物体都是受到平衡力的缘故。平衡力不一定是一对平衡力，可能是几对平衡力。

速度和加速度

速度是描述物体运动快慢和运动方向的物理量。如果物体在 t 秒的时间内运动了 s 米，则在这段时间内的平均速度为 $v = s/t$，在国际单位制中速度的单位是米/秒。例如，汽车行驶速度是 10～55 米/秒，人步行的速度是 1～1.5 米/秒，步枪子弹速度是 900 米/秒，普通炮弹速度是 1000 米/秒，一般军用飞机速度是 650 米/秒，地球公转速度为 30000 米/秒，光速为 $3×10^8$ 米/秒。

加速度是描述速度变化快慢的物理量。一个物体的速度变化快，人们称其加速度大；速度变化慢，人们称其加速度小。这里的速度变化包括大小和方向的变化。加速度在国际单位制中的单位是米/秒^2。对汽车来说，一项非常重要的技术指标就是汽车起动时的加速度，它可使汽车在很短的时间内就达到正常行驶的速度。

参照物

一个物体到底是运动的还是静止的，这便涉及参照物。通常人们在研究一个物体运动的时候，必须选定另外一个物体作为参照标准，并事先假定这个被选定的物体是不动的。这个物体便称作参照物。

一般常说房屋、桥梁等是静止的，便是以地面作为参照物来说的。再如，坐在行驶的火车车厢里的乘客认为自己和同伴是静止的，而车厢外的树木、房子是运动的，这便是选择了车厢本身作为参照物的结果。世界上没有绝对不动的物体，因此运动是绝对的。静止是相对的，是相对于我们事先选定的参照物来说的。在人们的眼中，房屋、山岭、桥梁、树木总是在原地不动，但实际上由于地球在不停地自转，并且围绕太阳公转，因此地球上的所有物体都是跟着地球一起运动的。同步地球卫星，如果以地球为参照物，卫星是静止的；如果以太阳为参照物，卫星是运动的。可见，判断一个物体是静止的，还是运动的，与我们所选择的参照物有关。选择不同的参照物，对物体运动的描述就有可能不同。所以

参考系　与参考体（参照物）固连的整个延伸空间。为了能用数值表示物体的位置，还需在参考体上设置坐标系，称为参考坐标系。同一参考体上可设置不同的参考坐标系，同一物体的位置坐标在不同参考坐标系中虽然不同，但有确定的变换关系。运动学中各种参考系是等价的，即不同参考系中运动学各种理论的表述均相同。但在动力学的研究中，需要区分惯性参考系与非惯性参考系。

要客观描述物体的运动，就应指明选取什么物体作为参照物。

机械运动

物体之间或同一物体的不同部分之间相对位置随时间而变化的过程。平动、转动和振动是机械运动的三种基本形式。

如果一个物体上任意两点所连成的直线在整个运动过程中始终保持平行，这种运动称作平动，又称平移。平动物体的运动轨迹是直线的称作直线运动，运动轨迹是曲线的称作曲线运动。在这两类中又可细分，如直线运动可以分为匀速直线运动和变速直线运动。比如一辆汽车在行驶时是平动，它可以直线行驶也可以曲线行驶。但是汽车的车轮就不一样了，车轮一方面向前进，一方面绕着轮轴旋转，这就是平动和转动的合成。转动是指运动的物体除转轴外，其他各点都

绕轴做圆周运动的运动。比如电风扇叶片旋转，门窗的开和关等都是转动。还有一种运动，如钟表的摆动、敲击后正在振动的音叉，都属于物体在平衡位置附近来回做往复运动，称之为振动。

自由落体运动

物体只在重力作用下，从静止开始下落的运动。它是初速度为零的匀加速直线运动。无论什么物体，它们的自由落体运动速度都是一样的，而此时的运动加速度就是重力加速度，用 g 表示。重力加速度的大小会因所在地区不同而有差别，一般常取 9.8 米 / 秒 ^{2}。

公元前 4 世纪的亚里士多德认为，物体下落的快慢是由它们受到的重力决定的，物体的重力越大，下落得越快。彻底推翻亚里士多德理论的是著名的意大利物理学家伽利略。

伽利略先采用了归谬法，从亚里士多德的理论出发，最后又反推亚里士多德理论的错误性。后来，伽利略又做了著名的比萨斜塔实验：他在塔顶让一重一轻两个铁球同时下落，结果这两个铁球最后是同时落地，再次推翻了亚里士多德的理论。忽略空气阻力等因素，比萨斜塔实验中的铁球所做的运动就是自由落体运动。

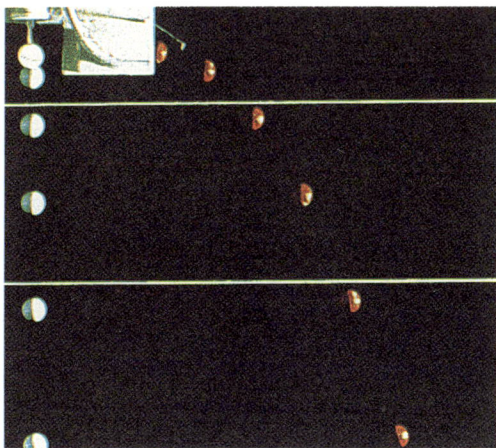

从每隔 0.1 秒拍摄的小球下落照片可以看出，圆球愈降至下方，间隔愈大，表明下落的速度加快（图左是圆球做自由落体运动，图右是一个水平投出的球）

牛顿运动定律

英国科学家 I. 牛顿系统地

总结了前人的研究成果，又结合自己的研究，提出了三条运动定律，并于1687年首次发表在《自然哲学的数学原理》一书中。这三条运动定律成了整个经典力学系统的基础。

牛顿第一运动定律，又称惯性定律。它是在实验的基础上经过科学推理得出的一条重要运动定律。其内容是：一切物体在没有受到外力作用的时候，总保持匀速直线运动状态或静止状态。这一定律反映了力和运动的关系，阐明了力是改变物体运动状态的原因。人们把物体保持静止或匀速直线运动的这种性质称作惯性。惯性是物体本身的一种性质，即物体总要保持原来的运动状态。

牛顿第二运动定律，又称加速度定律。其内容是：物体运动的加速度与作用在物体上的合外力成正比，与物体的质量成反比。物体的质量越大，物体的惯性就越大。火车的质量比汽车大很多，火车的运动状态不容易改变，因此火车起动和停止要比汽车慢得多。

牛顿第三运动定律，又称作用力与反作用力定律。其内容是：两个物体间的作用力与反作用力总是大小相等，方向相反，作用在同一条直线上。

能量

描述物体做功本领大小的物理量，简称为能。一个物体能够对外界做功，这个物体便具有能量。能量和运动是分不开的。与物质的各种运动形式相对应，能量也有各种不同的形式，主要分为机械能、内能、化学能、电磁能以及原子能。它们可以通过一定的方式相互转化。

机械能是指做机械运动的物体所具有的能量，如从高处流下的水流，正在运动的汽车等都具有机械能。内能又称热能，是由构成物质的大量分子所做的无规则运动以及分子间的相互作用力所引起的，通常以热传递的形式表现出来。化学能是自然界中的各种物质进行化学变化时释放或吸收的能量。电磁能包括电能和磁能。现代生活离不开电磁能，人们能看电视、听广播等都是电磁能的功劳。原子能，确切地说应该叫原子核能，简称核能，是原子核发生变化时释放出来的能量。核能的利用已经成为现代科学技术发展的主要标志之一。

能量守恒定律

能量既不会消灭，也不会创生，它只能从一个物体转移到另一个物体，或者从一种形式转化为另一种形式。一种能量的消失，必然伴随着其他形式能量的产生，并且无论形式如何，在转移或转化的过程中，能量的总量都是守恒的。

无数事实说明了各种不同形式的能量彼此都是可以相互转化的。在生活中，能量转化和守恒的应用比比皆是。

永动机 在能量守恒定律建立之前，历史上曾有人设想制造一种不需要耗费任何能量就能对外做功、对外输出能量的机器，这就是所谓的"永动机"。这些人认为，能量可以被源源不断地创造出来，从而用之不竭。能量守恒定律的最终建立，从科学上宣判了要制造永动机是不可能的，从而促使人们摆脱了梦幻，用掌握的自然规律来有效地开发和利用自然界所能提供的多种多样的能量。

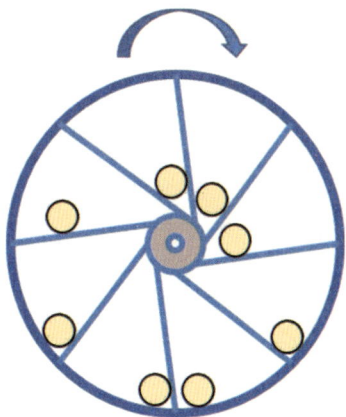

设想中的一种永动机

机械能

物体所具有的做机械运动的能量。行驶的汽车、飞行的飞机、压缩的弹簧等都具有机械能。

机械能包括动能和势能。动能的大小是由运动物体的速度和质量所决定的，物体的质量越大、速度越大，具有的动能就越多。势能的大小是由相互作用的物体之间或物体本身的各部分之间的相对位置所决定的。势能包括重力势能和弹性势能。由物体和地球之间的相对位置所决定的势能叫重力势能。物体由于发生弹性形变所具有的能量称作弹性势能。物体的重力势能的大小决定于物体的质量和相对于地面的高度，如果选择地面的重力势能为零，则物体的质量越大，距离地面位置越高，重力势能就越大。物体的弹性势能的大小决定于物体发生弹性形变的大小和本身的性质。

动能和势能是可以相互转化的，在只有动能和势能相互转化的过程中，机械能的总量保持不变。这就是机械能转化与守恒定律。机械能转化与守恒定律是力学中一条重要的规律，又是能量守恒定律的一个特例。

功和功率

功是指作用力和物体在力的方向上通过的距离 s 的乘积。其符号为 W，表达式为：$W = Fs$。

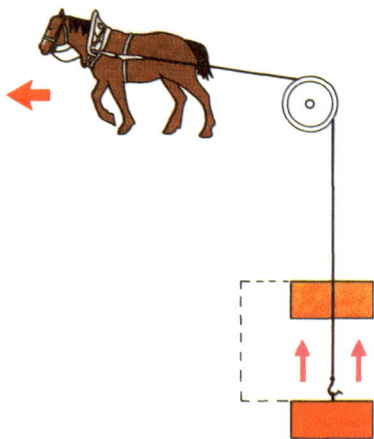

这匹马做的功等于它所付出的力与重物上升距离的乘积

在国际单位制中，功的单位是焦耳，简称焦（J），是以在能量守恒定律方面做出巨大贡献的英国物理学家 J.P. 焦耳的姓氏命名的。功和能量之间有着密切的关系，力对物体做功的过程，实质是能量从一种形式转化为另一种形式的过程。比如电动机工作时把电能转化为机械能，就是电流对机器做了功，所以功是能量改变的量度。对外做功必然要消耗能量，对外做了多少功就消耗了多少能量。

做功有快有慢，为了表示物体做功的快慢，引入了功率的概念。物体在单位时间内所做的功称作功率。两辆质量相等的汽车向山上开，功率大的先开到山顶。功率的国际单位是瓦特，简称瓦（W）。这个单位是以英国发明家 J. 瓦特的姓氏命名的。功率的常用单位是千瓦（kW）。

简单机械

人类在劳动实践中创造了生产工具。最早发明的一些简单工具后来演变成为简单机械，包括劈、斜面、螺旋、杠杆和滑轮等。在中国战国时期的著作《墨经》和古希腊阿基米德的著作中，都有关于简单机械及其力学原理的论述。

斜面 同水平面成一倾斜角度的平面，这个角度通常称为升角。斜面是一种简单机械。它的构造非常简单，但却非常实用。斜面的特点是在高度一定时，斜面越长越省力，如盘山公路就是利用了斜面省力的道理，虽然车绕行的距离比较远，但不需要太大的牵引力也能上升到顶端。

简单机械虽然十分古老，但它在现代各种机械和仪器中仍然被广泛采用。在许多机器中都可以找到不同形式的简单机械或由简单机械演变而来的各种机械。夹具多由劈与斜面演变而来；丝杠则是螺旋的直接应用；金属切削机床中的操纵手把多由杠杆演变而来；升

降国旗、起重机等则应用了滑轮的原理。这些实例说明简单机械是现代机械的基础之一。

杠杆

杠杆是具有一个支点并在两点受力的刚性杆。杠杆的发明同量度质量有关，中国《吕氏春秋》《庄子外篇》和《墨经》上都有用杠杆权衡质量的记载，说明中国在古代就已普遍利用杠杆作秤或天平。阿基米德也发现了杠杆原理。杠杆可以作为增力机械，也可以用于节省距离。

杠杆原理可以用熟悉的跷跷板来说明。一个大人和一个小孩子玩跷跷板，人们都知道，只要小孩坐在离支点较远的一面，即使大人比小孩重得多，也可以达到平衡，这实际上就是"杠杆"的作用。同样，利用一根撬棒，用相当小的力也能够撬起重物。它的办法是使支点靠近重物、而尽量远离外力的作用点。杠杆一般有 3 种。

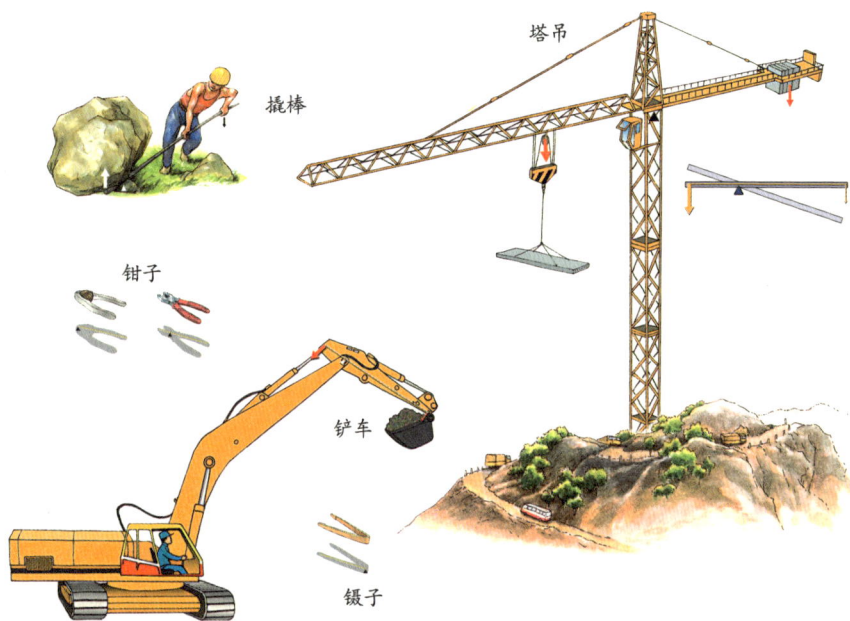

撬棒

塔吊

钳子

铲车

锯子

各种杠杆

第一种如撬棒，支点在受力点和重物之间，剪刀也是第一种杠杆；第二种如手推车，物体在受力点和支点之间。这两种杠杆可以省力。第三种如夹方糖的夹子，作用力在物体和支点之间，可以用来节省距离。

> **桔槔** 桔槔是古代用来提挈重物或向深井打水的机械，是典型的杠杆机械。桔槔的形制是在井旁或渠边的高柱上横支一根长木，长木前端用长绳悬一空水桶，后端捆扎一重物（如石块）。将前端绳索往下一拉，水桶就可打水；然后把手放松，由于后重前轻，水桶便被提上来了。这种机械要比完全靠人力提水轻巧得多，因而得到广泛的应用。现在已经很少使用这种机械了。

滑轮

　　用来提升物体的简单机械。通常是周边有槽且能够绕轴转动的轮子。滑轮构造虽然简单，但确实是一种很有用的机械。将一个滑轮吊在天花板上，滑轮上绕一根绳子，便可以用来吊东西。这种装置称定滑轮，虽然不能省力，但它能

改变力的方向。这种滑轮在生活、生产中的应用是极为广泛的。如果使用滑轮时，滑轮和重物一起移动，这样的滑轮称为动滑轮，使用动滑轮可以省一半的力。把定滑轮和动滑轮组合起来使用称为滑轮组，使用滑轮组省力效果显著，组合方式不同时，省力的程度也不同。

简单机械——滑轮

向心力和离心力

　　物体只有受到指向圆心的力时才能做圆周运动，这个力便是向心力。向心力并不是一

种特殊的力，它是按照力的效果来命名的，它可以是重力、弹力、摩擦力、电场力、磁场力或它们之中几个力的合力，其作用效果是使物体不断转变运动方向做圆周运动。其实，在日常生活中，人们骑自行车转弯时、在弯道跑步时，身体都要向圆心倾斜，就是为了让地面的支持力和重力的合力来提供向心力；火车的铁轨在弯道处同样也是外轨高于内轨，轨道对火车的支持力和重力的合力提供向心力。

游乐园里的过山车

离心力是做圆周运动的物体施于其他物体上的力，是向心力的反作用力。它们大小相等，方向相反，但是分别作用在两个不同的物体上。例如游乐园里的过山车旋转到轨道顶部时，人不会飞出去，也不会掉下来，是因为有离心力和向心力的作用。人和小车对轨道有一个离心力，同时人和小车又受到一个向心力的作用。这个向心力是由人和小车的重量及轨道对小车的弹力提供的。做圆周运动的物体，由于失去向心力或提供向心力不足，将做逐渐远离圆心的运动，即离心运动。离心运动有时是有益的，应该加以利用。例如，可以制成离心式水泵、离心节水器、离心分液器、离心甩干桶等。但是，离心运动有时又是十分有害的，应该防止，例如摩托车、火车在转弯时，如果速度太大，合力提供的向心力不足以维持它做圆周运动，就会出现离心现象，造成事故。

万有引力

人们知道，苹果之所以落向地面，是因为地球对苹果有力的作用，I.牛顿受此启发，首先提出万有引力。

牛顿认为万有引力不仅存在于苹果与地球之间，也存在于地球和月亮以及太阳和行星之间。宇宙中任何两个物体之间都存在着由质量引起的相互吸引力，这就是万有引力。一个物体既能吸引其他物体，同时也能被其他物体所吸引。万有引力是自然界存在的四种基本力之一，是物质的一种基本属性。地球和其他行星之所以能不停地围绕太阳旋转，是因为它们之间有引力的作用；地球上的物体受到的重力就是地球与物体的万有引力产生的。牛顿将自己的发现应用到开普勒的行星定律中，从而于1687年发表了万有引力定律。这个定律说明，任何两物体之间相互吸引力的大小，和它们质量的乘积成正比，和距离的平方成反比。

人能站在地面上而不是悬浮在空中，抛向空中的球又落回到地面，都是因为地球引力的作用

手中的餐具不小心掉落在地上，也是地球引力的作用

万有引力定律最有意义的贡献是这一理论为实际天文观测提供了一套计算方法。利用万有引力定律，只凭少量的观测资料，就能算出天体运行的长轨道周期，免去了冗长的计算，而且计算结果十分精确可靠；同时，它可以解释几百年内的许多天体现象与地球物理现象，如哈雷彗星的回归、地

球的扁椭球形状等。利用这一理论，人们还预测了海王星的位置并发现了这颗行星。直到今天，万有引力定律仍是最精密可靠的定律之一，也是天体力学和宇航计算的基础。

宇宙速度

为什么发射到太空的人造地球卫星和宇宙飞船受到地球的引力作用，它们却能够不再落向地面呢？这是因为卫星和飞船具有足够快的速度——宇宙速度，足以克服地球的引力做匀速圆周运动，在太空中飞行而不坠落。

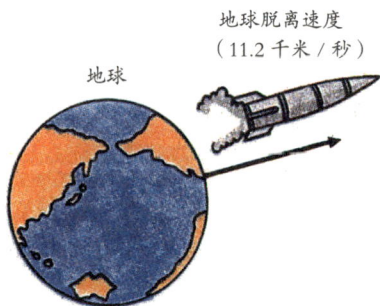

从地球表面向宇宙发射人造地球卫星、行星际和恒星际飞行器所需要的最低速度称为宇宙速度。宇宙速度分为3种：第一宇宙速度是人造卫星环绕地球运行所必需的最低速度，为7.9千米/秒。第二宇宙速度是指航天器为摆脱地球引力场飞往太阳系空间所必需的最低速度，为11.2千米/秒。第三宇宙速度是指航天器为摆脱太阳系的引力场飞往恒星际空间所必需的最低速度，为16.7千米/秒。

科学家借助太阳系其他星球的"引力支援"，使宇宙探测器的最高速度能够达到100千米/秒以上。可对于浩瀚的宇宙来说，这样的速度仍然不够

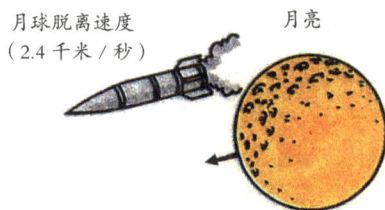

月球脱离速度（2.4千米/秒） 月亮

地球脱离速度（11.2千米/秒） 地球

地球和月亮的质量不同，因而对同一物体的引力也不相同，物体脱离它们的引力场的速度也就不等，脱离月球的速度只需2.4千米/秒

快。科学家们正在努力研究，以制造速度更快的飞船去探索宇宙的奥秘。

火箭

靠火箭发动机喷射工质（工作介质）产生的反作用力向前推进的飞行器。它自身携带全部推进剂，不依赖外界工质产生推力，可以在大气层内，也可以在大气层以外飞行。火箭是实现航天飞行的运载工具，应用广泛。军用火箭一般用于发射导弹等。用于太空探测的运载火箭能将人造地球卫星、载人飞船和空间探测器等航天器送入预定轨道。

火箭根据能源的不同分为化学火箭、核火箭和电火箭等。化学火箭又分为固体火箭、液体火箭和混合推进剂火箭。火箭的分类方法虽然很多，但组成部分和工作原理基本相同。

"长征" 3 号火箭调试完毕，起竖待发

火箭的基本组成有推进系统、箭体结构和有效载荷三部分。火箭的运动服从牛顿运动定律。火箭发动机工作时，喷出的高速气体给予火箭本体一个反作用力，即推力，使火箭的速度产生变化。在飞行过程中，随着推进剂的消耗，火箭的质量不断减小，速度不断增大。K.E.齐奥尔科夫斯基首先推导出单级火箭所能得到的理想速度公式，称为齐奥尔科夫斯基公式。由于受到火箭发动机比冲和火箭结构水平的限制，用单级火箭通常难以达到第一宇宙速度，因此远程火箭和运载火箭往往使用多级火箭。多级火箭工作时先点燃最下面一级，即第一级。第一级工作结束后被抛掉。随即点燃第二级，依此类推，直到带有有效载荷的末级将有效载荷送到预定轨道为止。多级火箭总理想速度等于各级理想速度之和。火箭级数增加，初始重量会减小。但级数过多系统复杂，反而没有好处，最经济的级数是 2 ~ 4 级。多级火箭有串联、并联和混合式三种组合形式，分离方式有冷分离和热分离两种。

20 世纪 40 年代以来，火箭得到飞速发展和广泛应用，结构日益庞大，系统越来越复杂，精度不断提高。人造卫星运载火箭质量已由早期的近 10 吨提高到 2900 多吨，运载低轨道卫星的能力也由几千克提高到 120 多吨。火箭将进一步向可靠性高、经济性好和多次使用的方向发展。在目前阶段，化学火箭仍占有重要地位，未来使用其他种类能源的火箭也有可能取得新进展。

齐奥尔科夫斯基，K.E.
（1857-09-17 ~ 1935-09-19）
苏联科学家，现代航天学和火箭理论的奠基人。1903 年发表论文《利用喷气工具研究宇宙空间》，推导出著名的齐奥尔科夫斯基公式，对利用火箭发射人造卫星以及宇宙飞船的构造都提出了设想，如飞船应与外界隔绝，人在太空中要依靠专门的生命保障系统等。他的许多设想已经成为现实。齐奥尔科夫斯基对火箭也进行了深入的研究，人们现在利用多级火箭将卫星和宇宙飞船送入太空就是根据他的理论和设想实现的。

飞艇

100 多年前，德国人首次

乘坐"空中庞然大物"——飞艇升上天空。

现代飞艇

飞艇是一种有推进装置，可控制飞行的，充有密度小于空气的气体的航空器。飞艇由巨大的流线型艇体、位于艇体下面的吊舱、起稳定控制作用的尾面和推进装置组成。艇体的气囊内充有密度比空气小的浮升气体（氢气或氦气）借以产生浮力使飞艇升空。吊舱供人员乘坐和装载货物。尾面用来控制和保持航向、俯仰的稳定。1852年法国人H.吉法尔制成一艘装有蒸汽机的飞艇。

1900年德国人F.von齐伯林制造了第一艘硬式飞艇。飞艇体积大、速度低、不灵活，极易受到攻击。因此飞艇在军事上的应用后来逐步被飞机所代替。

齐伯林，F.von

（1838-07-08 ~ 1917-03-08）

德国伯爵，飞艇设计家。齐伯林首次飞艇试飞成功是在1900年。1910年，他开办了世界上最早的商业航空服务。第一次世界大战期间，德国曾用齐伯林飞艇轰炸伦敦和英国东南部。两次世界大战之间，齐伯林飞艇成为著名民用航空工具。

飞机

飞机是由动力装置产生前进动力，由固定机翼产生升力，在大气层中飞行的，密度大于空气的航空器。飞机机翼并不是水平伸展的，而是向上凸起一些，这样当飞机水平前进时，迎面而来的气流就在机翼下形成向上的升力。飞机飞行速度越快、机翼面积越大，所形成的升力就越大，所以飞机在起飞前要在机场跑道上行进一段距离才能升空，而且飞机不能飞到空气稀薄的地方。

民用客机结构剖视图

早期的飞机靠机身前端螺旋桨旋转产生的牵引力向前运动。螺旋桨产生的牵引力不大，飞机飞行速度也不快。1939年8月27日，第一架使用喷气发动机的飞机飞行成功，大大提高了飞机的飞行速度。喷气发动机把吸入的空气压缩，再与燃料混合燃烧，形成高温高压气体向后喷出，产生强大的推力，使飞机高速向前飞行。

现在，飞机的飞行速度可以达到几倍于声音在空气中传播的速度（约340米/秒），驾驶这样的飞机，只需要十几个小时就能环绕地球赤道飞行1周，这样的飞机叫超音速飞机。制造超音速飞机不仅需要先进的喷气式发动机，还需要在飞机的制造材料与飞机外形方面达到很高要求，是一项非常复杂的技术。除了先进的战斗机、侦察机外，大型的客机中也出现了超音速飞机。

在飞机不断发展的同时，飞行事故也威胁着乘客的人身安全，严重时会造成几百人的伤亡，产生惨重的后果。现在飞机上都安装了俗称"黑匣子"的仪器，它用来记录飞机飞行时的各种数据。人们为"黑匣子"设计了非常好的保护措施，即使发生飞行事故，它也不会损坏。当发生飞行事故后，找到"黑匣子"并分析其中记录的数据，可以帮助人们找到事故的原因，避免再次发生同样的事故。所以，当发生飞行事故后，寻找"黑匣子"是一项很重要的工作。

　　除了用于交通运输外，飞机在军事、科研、农业、公共安全等方面都有着广泛的用途，已经成为现代化生活的重要组成部分。

莱特兄弟

世界航空先驱、美国飞机发明家。莱特兄弟仅读完中学课程，自幼对飞行怀有浓厚兴趣。1900～1903年间他们共制造了三架滑翔机。在第三架滑翔机基础上制成的飞机安装一台自制的8.8千瓦（12马力）功率的内燃机，带动两副二叶推进式螺旋桨。这架飞机被命名为"飞行者"1号，并于1903年12月试飞成功。此后两年，莱特兄弟又制造了"飞行者"2号和3号，后者是世界上第一架实用的飞机。

人造地球卫星

　　人造地球卫星是人工制造并发射到太空中，在空间轨道上围绕地球运行的无人航天器。

简称人造卫星。1957年10月4日，苏联发射了第一颗人造地球卫星。此后有十几个国家发射了人造地球卫星，总数有数千颗。中国于1970年4月24日发射了第一颗人造地球卫星"东方红"1号。目前，中国已拥有超过600颗在轨卫星，居世界第二位，仅次于美国。

中国于1970年4月24日发射的人造地球卫星"东方红"1号

　　发射人造地球卫星是一项非常复杂艰巨的工作，需要许多不同学科的科学家密切合作，使用许多现代化手段和工具才能完成。卫星发射时，一般使用多级火箭把卫星送入太空中的预定轨道，发射的成本非常高，美国等国家后来使用航天飞机发射卫星，大大节省了发射成本。

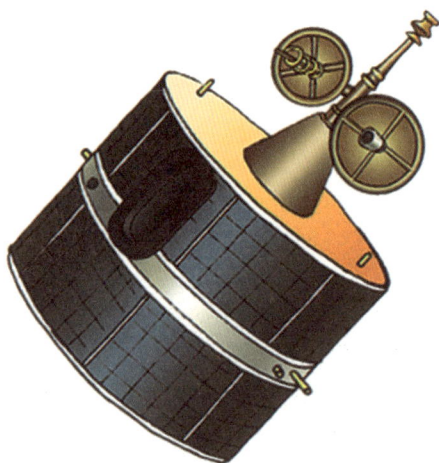

中国发射的"风云"2号气象卫星

人造地球卫星在距离地面几百到上万千米的高度绕地球不停地运行，它们绕地球运行一周的时间各不相同，距地球越远，绕地球运行一周的时间越长。如果把人造地球卫星发射到离地面35890千米高度的赤道上空，卫星运行一周的时间就和地球自转一周的时间相等，恰好是一昼夜。这样，在地面上的人看来，卫星仿佛挂在一个地方不动，卫星和地面是相对静止的，这样的卫星叫作地球同步卫星。

多数卫星沿着自己的轨道不停地绕地球运行，直到坠入大气层烧毁。但有些卫星上有小型动力装置，在完成任务后可让卫星返回地球，这就是可回收式卫星。中国已经能够成功地进行卫星回收工作。

全球卫星定位系统

又称全球定位系统。英文缩写为 GPS。它是美国继"阿波罗"登月计划和航天飞机之后的第三大航天工程。全球卫星定位系统是美军 20 世纪 70 年代初在"子午仪卫星导航定位"技术上发展起来的具有全球性、全能性、全天候性优势的导航定位、定时、测速系统。它由空间卫星系统、地面监控系统、用户接收系统三大子系统构成。

定位卫星

20 世纪末，全球卫星定位系统已广泛用于军事和民用等众多领域中。全球卫星定位系统技术按待定点的状态分为静态定位和动态定位两大类。静态定位是指待定点的位置在观测过程中固定不变，如全球卫星定位系统在大地测量中的应用。动态定位是指待定点在运动载体上，在观测过程中是变化的，如全球卫星定位系统在船舶导航中的应用。静态相对定位的精度一般在几毫米到几厘米范围内，动态相对定位精度一般在几厘米到几米范围内。

载人飞船

能保障航天员在外层空间生活和工作，在执行完航天任务后能返回地面的航天器。它是运行时间有限，仅能一次使用的返回式载人航天器。载人飞船一般包括卫星式载人飞船和登月载人飞船。载人飞船可以独立进行航天活动，也可作为往返于地面和航天站之间的"渡船"，还能与航天站或其他航天器对接后进行联合飞行。载人飞船容积较小，受到所载消耗性物资数量的限制，不具备再补给的能力，而且不能重复使用。1961 年苏联发射了第一艘"东方"号飞船，后来又发射了"上升"号飞船和"联盟"

号飞船。与此同期，美国也相继研制成功"水星"号飞船、"双子星座"号飞船和"阿波罗"号飞船等载人飞船。中国是世界上第三个掌握载人航天技术的国家。1999年至今，中国先后发射了16艘宇宙飞船。其中5艘为无人试验飞船，11艘为载人飞船。

载人飞船一般由乘员返回座舱、轨道舱、服务舱、对接舱和应急救生装置等部分组成，登月飞船还具有登月舱。返回座舱是载人飞船的核心舱段，不仅和其他舱段一样要承受起飞、上升和轨道运行阶段的各种应力和面对复杂环境条件，而且还要经受再入大气层和返回地面阶段的减速过载和气动加热。轨道舱是航天员在轨道上的工作场所。服务舱通常安装推进系统、电源和气源等设备，对飞船起服务保障作用。对接舱是用来与航天站或其他航天器对接的舱段。对接舱除有对接锁紧机构外，还有气闸舱，航天员可由此出舱进入太空。应急救生装置可在应急情况下，使航天员安全返回地面，或转移到其他航天器上。它也是载人飞船的重要组成部分。

加加林，Yu. A.
（1934-03-09 ~ 1968-03-27）
世界第一名航天员。生于苏联格扎茨克区，1968年3月27日在一次练习飞行中遇难。1955年从工业技术学校毕业后参军。1960年被选为航天员。1961年4月12日，他驾驶"东方"1号飞船完成有史以来的首次太空飞行，使人类从太空观察到了自己居住的地球。为纪念他，国际航空联合会设立了加加林金质奖章。月球背面的一座环形山也以他的名字命名。

"神舟"号载人飞船

1999年11月20日，中国第一艘宇宙飞船"神舟"1号在甘肃酒泉卫星发射中心由长征运载火箭发射升空，次日在内蒙古自治区中部地区成功着陆。2001年1月10日，"神舟"2号飞船也在这里发射升空，飞船返回舱在轨道上飞行7天后成功返回地面。"神舟"2号飞船的结构、技术性能等与载人飞船基本一致，取得了大量宝贵的飞行试验数据。

2002年3月25日，酒泉卫星发射中心成功发射"神舟"3号飞船。飞船搭载了人体代谢模拟装置、拟人生理信号设备以及形体假人，能够定量模拟航天员在太空生活中的重要生理活动参数，如呼吸和血液循环系统中的心跳、血压、耗氧及产生热量等。飞船上安装了逃逸系统，若火箭发射和升空阶段出现意外故障，可确保航天员的生命安全。2002年12月30日，"神舟"4号无人飞船又在酒泉卫星发射中心发射升空，并成功进入预定轨道。

2003年10月15日，"神舟"5号载人飞船发射升空，将中国航天员杨利伟送上太空。飞船绕地球14圈以后，于16日6时23分在内蒙古阿木古郎草原安全着陆。这次航天飞行任务的顺利完成，标志着中国突破和掌握了载人航天的基本技术，使中国成为世界上第三个能够独立开展载人航天活动的国家。2005年10月12日，"神舟"6号载人飞船发射起飞，将航天员费俊龙、聂海胜送上太空。17日飞船安全着陆，成功实现中国第二次载人航天任务。2008年9月25日，中国

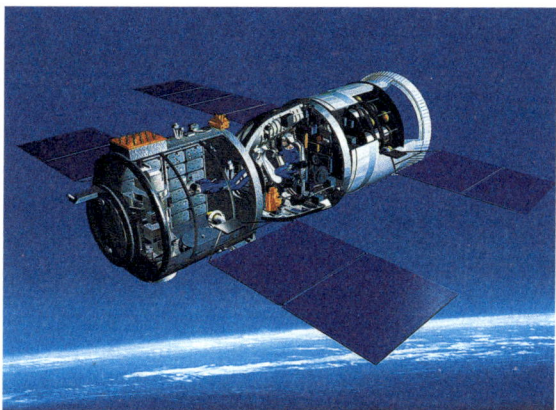

"神舟"6号飞船剖视示意图（中国空间技术声像多媒体中心制作）

再次向太空发射了一艘载人飞船——"神舟"7号。"神舟"7号搭载了翟志刚、刘伯明和景海鹏3名航天员,绕地球飞行了68小时左右。在飞船飞行期间,航天员进行了中国首次空间出舱活动。

被选为"神舟"7号的航天员景海鹏(左)、翟志刚(中)、刘伯明(右)

2011年至今,"神舟"8号到"神舟"16号飞船顺利发射,并成功实现与"天宫"对接等一系列任务。以后还有更多的"神舟"飞船飞向更远的太空。

杨利伟

(1965-06-21 ~)

中国首位航天员,中国人民解放军航天员大队航天员。

1996年起参加航天员选拔,经过5年多的训练,他完成了基础理论、航天环境适应性、专业技术等8大类几十个科目的训练任务,被选拔为中国首次载人航天飞行首飞梯队成员。2003年10月15日,他搭乘"神舟"5号宇宙飞船升空,成为"中国太空第一人"。在太空飞行21小时,飞行里程60万千米,围绕地球飞行14圈后,于10月16日安全返回地面。

"阿波罗"11号飞船

20世纪50年代,苏联在宇航领域的成功促使美国也加紧进行宇宙飞船的研制,并提出了更高的目标——让人类登上月球。为达到这一目标，美国开始了著名的"阿波罗"工程。在投入了大量的人力物力，经过几十万人8年多的工作和反复演习之后，1969年7月16日，"土星"5号超大型三级式运载火箭携带着"阿波罗"11号飞船起飞，开始了向月球的进军。经过两天多的飞行，航天员N.A.阿姆斯特朗和E.E.奥尔德林进入登月舱，并驾驶登月舱与母船分离，向月球表面降落。另一名航天员M.柯林斯驾驶飞船绕月球飞行准备接应。7月20日23时17分32秒，登月舱在月球表面软着陆，宇航员阿姆斯特朗走出登月舱小心翼翼地踏上了月球，实现了人类第一次登上月球的壮举，说出了那句注定要载入史册的名言："对一个人来说，这不过是小小的一步，但对人类而言，这却是一个巨大飞跃。"

航天员对月球表面进行了两个多小时的科学考察，并在登陆处竖立了一个牌子，上面写着："人类首次月球登陆处，1969年7月。我们是为了全人类带着和平之意而来。"然后航天员返回飞船，向地球返航，于7月24日在太平洋夏威夷西南海面落地。

在月球上行走的宇航员和月球车

"阿波罗"11号登月成功以后，人类又进行了多次登月考察，包括乘特制的月球车在月球上遨游，采集标本，对月球内部进行探测等。

"阿波罗" 11 号太空船在 16000 千米的
距离上看到的月球景象

宇宙空间站

　　宇宙空间站又叫空间实验
室或轨道站，简称空间站。它
也像人造卫星一样由运载火箭
送入太空，在距地面约 500 千
米的低轨道上运行。空间站是
由多个太空舱连接而成，主要
有对接舱、轨道舱、生活舱、
服务舱等，太阳能电池翼装在
空间站的外侧，为其提供电源。
由于太空中没有空气，生存条
件非常恶劣，再加上地面物资
供应只能隔很长时间依靠航天
飞机运送，所以在空间站内设

有非常复杂、精密的设施保障
航天员的生活需要。在空间站
中，水、空气都要经过处理以
循环利用，航天员的饮食、排
泄也都需要使用特殊的设备帮
助。航天员要在这样的条件下
生活很长时间，同时还要完成
很多艰巨而细致的工作，这对
航天员来说是非同寻常的考验，
因此要对航天员进行严格的挑
选和认真的训练。

　　苏联于 1971 年 4 月 19 日
发射的"礼炮"1 号空间站，
是世界上第一个宇宙空间站。
"和平"号空间站于 1986 年 2
月 20 日发射升空，在距地面
300 ~ 400 千米的高空运行。
整个空间站重量达 90 吨，可容
纳五六名航天员工作生活。航
天员创造了在空间站连续生活
366 天的纪录。2001 年 3 月 28
日，"和平"号空间站在完成历
史使命后，按照预定轨道安全
坠落南太平洋。15 年中先后有

12 个国家的 100 多位航天员登站工作。现在在太空工作的空间站是"国际空间站",它是以美国和俄罗斯为主,欧洲空间局、日本和加拿大等国参与建造的。它不仅可以供航天员长期居住,进行科学实验,甚至可以接待游客。

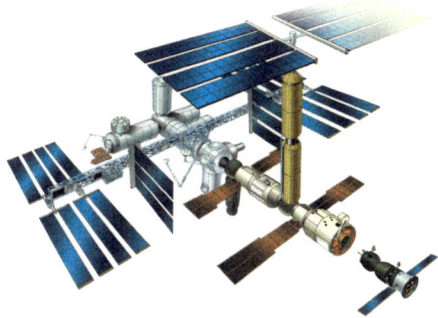

国际空间站将成为人类在太空中长期逗留的一个平台,可容纳 7 名航天员长期居住,最多时可以容纳 15 人在上面从事考察活动。目前的国际空间站,可供 3 名航天员长期工作

"天宫"号空间实验室

"天宫"1 号是中国首个目标飞行器和空间实验室,属载人航天器。

"天宫"1 号于 2011 年 9 月 29 日在酒泉卫星发射中心发射,由"长征"2 号 FT1 火箭运载。这标志着中国已经拥有初步建立空间站,即建立短期无人照料的空间站的能力。"天宫"1 号的结构分为资源舱和实验舱。与之前的载人航天器相比,"天宫"1 号为航天员提供的可活动空间大大拓展,达 15 立方米,能够同时满足 3 名航天员工作和生活的需要。实验舱前端装有被动式对接结构,可与追踪飞行器进行对接。

空间实验室对接想象图

2011 年 11 月,"天宫"1 号与"神舟"8 号飞船成功对接,中国也由此成为世界上第三个自主掌握空间交会对接技术的国家。2012 年 6 月 18 日,"神舟"9 号飞船与"天宫"1 号目标飞行器成功实现自动交会对

接，中国 3 位航天员首次进入在轨飞行器。2016 年 9 月 15 日，"天宫" 2 号在酒泉卫星发射中心发射。

"天宫" 1 号和 2 号分别于 2018、2019 年到达寿命末期，主动脱离轨道，陨落南太平洋。

宇宙探测器

宇宙探测器（又称深空探测器）携带着各种科学仪器在茫茫太空中飞行，它可以飞到月球和太阳系各个行星附近，进行近距离观察，并把观测结果用无线电波发回地球，使人们更清楚地了解这些天体。

发射宇宙探测器需要非常先进的技术，如要有强大动力的火箭使探测器能以很高的速度飞行，脱离地球的引力范围；要有精密的控制系统使宇宙探测器不会在太空中偏离方向；要有灵敏的无线电地面接收装备接收探测器发回的信号

等。最早的宇宙探测器是苏联 1959 年 1 月发射的"月球" 1 号，它对月球进行了观测，9 个月后成为第一颗人造行星飞往太空。此后人们接连发射了多颗宇宙探测器，对太阳系的许多行星，如水星、金星、火星、木星、土星进行了观测，得到大量的宝贵资料。1990 年 10 月，美国发射了"尤里西斯"号宇宙探测器，它从新的方位去观测太阳，使人们能对太阳有更多的了解。1997 年 7 月 4 日，由美国宇航局发射的"火星探路者"号探测飞船经过 7 个多月、近十亿千米的航行后，在火星表面着陆，并且不断地向地球传回资料。目前还有一些宇宙探测器在向更遥远的目标前进。例如，美国 1977 年发射的"旅行者" 1 号和"旅行者" 2 号探测器，在完成对太阳系行星的考察后，又向宇宙深处飞去。它们携带着地球的资料，

在寂寞的空间寻找知音。

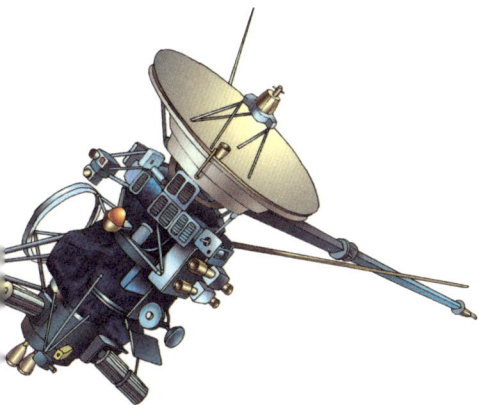

"卡西尼"号土星探测器

嫦娥工程

2004 年，中国正式开展月球探测工程，并命名为"嫦娥工程"。嫦娥工程分为"无人月球探测""载人登月"和"建立月球基地"三个阶段。

"嫦娥" 1 号月球探测卫星于 2007 年 10 月 24 日在西昌卫星发射中心由"长征" 3 号甲运载火箭发射升空。运行在距月球表面 200 千米的圆形极轨道上执行科学探测任务。2009年 3 月 1 日，在一年多的绕月飞行探测后，"嫦娥" 1 号卫星

以硬着陆的方式成功撞击月球，为中国月球探测的一期工程画上圆满句号。2010 年 10 月 1 日，搭载着"嫦娥" 2 号卫星的"长征" 3 号丙运载火箭在西昌发射升空，为"嫦娥" 3 号探测器的发射进行准备工作。"嫦娥" 3 号探测器是中国第一个在月球进行软着陆的无人登月探测器，由月球软着陆探测器（简称着陆器）和月面巡视探测器（又称"玉兔"号月球车）组成。"嫦娥" 3 号探测器于 2013 年 12 月

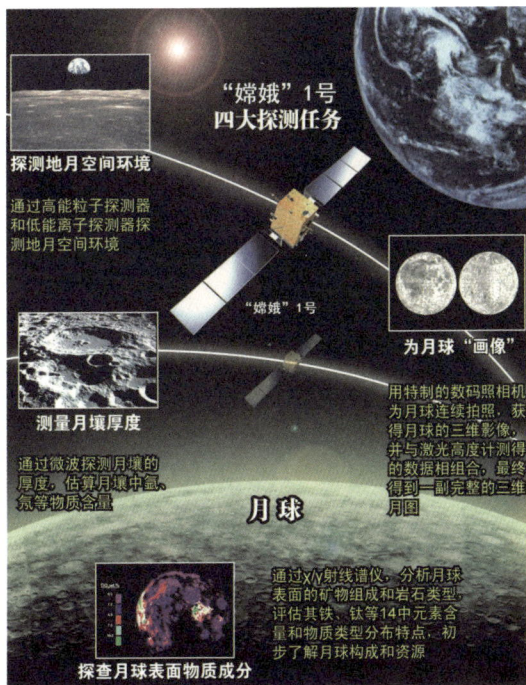

"嫦娥" 1 号
四大探测任务

探测地月空间环境

通过高能粒子探测器和低能离子探测器探测地月空间环境

"嫦娥" 1 号

为月球"画像"

用特制的数码照相机为月球连续拍照，获得月球的三维影像，并与激光高度计测得的数据相组合，最终得到一副完整的三维月图

测量月壤厚度

通过微波探测月壤的厚度，估算月壤中氦、氩等物质含量

月球

通过 x/γ 射线谱仪，分析月球表面的矿物组成和岩石类型，评估其铁、钛等 14 元素含量和物质类型分布特点，初步了解月球构成和资源

探查月球表面物质成分

2日在西昌由"长征"3号乙运载火箭送入太空，当月14日成功软着陆于月球雨海西北部，15日完成着陆器、巡视器分离，并陆续完成了"观天、看地、测月"的科学探测和其他预定任务。

目前，科学家们正在为实现中国人首次登陆月球进行准备工作。

航天飞机

航天飞机是可以重复使用的、往返于地球和近地轨道之间运送有效载荷的载人航天器。它像飞机一样带有机翼，除自身的发动机外另有两个巨大的助推器。航天飞机的机头是流线型的，机头后面是乘员舱，分别由驾驶室、生活室和机械室等部分组成。航天飞机发射时像火箭一样竖直起飞，在主发动机和助推器推动下飞向太空。助推器燃料耗尽后便脱离航天飞机，依靠降落伞落到地面并被回收以便重复使用。航天飞机进入太空完成预定任务后返回地球，能像飞机一样在大气层中滑行，并和飞机一样在跑道上降落。这样航天飞机就可以重复使用很多次，大大降低了发射费用，用途十分广泛。航天飞机为人类自由进出宇宙太空提供了很好的工具。航天飞机一次可载货30吨，为建立宇宙空间站提供了有力的运输手段。现在已经可以利用航天飞机把人造卫星送入预定轨道，并能将出现故障的卫星抓住在太空中进行修理。

人们利用航天飞机还可以进行科学研究。在航天飞机上已经进行了许多项科学实验，取得了非常有益的成果，其中有些实验是中学生设计的。

1981年4月12日，美国"哥伦比亚"号航天飞机实现了航天飞机的第一次飞行。此后美国又先后有"挑战者"号、"发现"号、"亚特兰蒂斯"号和"奋进"号航天飞机多次进入太空。苏联于 1988 年 11 月发射了"暴风雪"号航天飞机。它们在创造许多太空业绩的同时，也为人类留下了悲壮的一页。美国"挑战者"号和"哥伦比亚"号先后于 1986 年 1 月和 2003 年 2 月失事，有 14 名航天员不幸遇难。这是人类航天史上的巨大损失。

压力和压强

垂直作用在物体单位面积上的力叫作压力。

用两手的中指拿住一根一端削尖、一端是平的铅笔，相互挤压，虽然两个手指受到的压力是一样的，但是，你的两个手指的感觉会很不一样。物体在单位面积上受到的压力，称之为压强。正是因为压强不同，两个手指的感觉才不同。压力作用的效果不仅仅跟压力的大小有关，还与受力面积有关。如果压力相同，减少受力面积，压强会增大；反之，增大受力面积，压强会减小。

任何物体承受压强都有一定的限度，超过这个限度，物体将被破坏。在日常生活中，人们应用压强的特性的例子很多。我们的书包带一般都做得

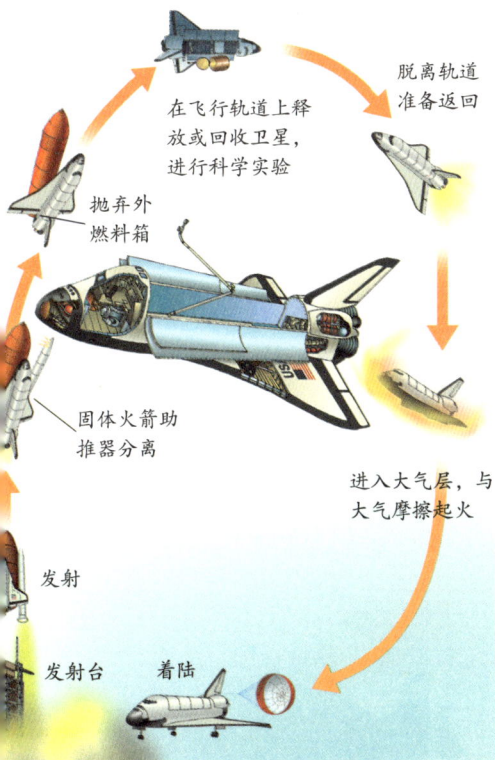

脱离轨道准备返回

在飞行轨道上释放或回收卫星，进行科学实验

抛弃外燃料箱

固体火箭助推器分离

进入大气层，与大气摩擦起火

发射

发射台　着陆

航天飞机的飞行过程

比较宽、大型拖拉机和坦克不用轮胎而用履带、铁路轨道铺设在枕木上，都是为了增大受力面积以减少压强；切菜刀的锋刃磨得比较薄、田径运动员的跑鞋底上的钉子比较尖，都是为了减小受力面积以增大压强。

大气压

水对浸在它里面的物体要产生压强。同样，空气对它包围的物体也要产生压强，即大气压强，简称大气压。早先人们认为空气没有重量，不会产生压强。1643 年意大利物理学家 E.托里拆利提出大气存在压强。他用一根长约 1 米，一端封闭的玻璃管装满水银，然后将开口端倒插在装有水银的槽中，这时玻璃管内的水银会下降，在管的上端形成真空，但是当管内外的水银面高度差为 760 毫米时，管内的水银面

托里拆利气压计玻璃管内的水银柱，高约 760 毫米

就不再下降。由于管内是真空，而管外有大气压强，因此托里拆利测出了大气压强的数值大约等于 760 毫米水银柱所产生的压强，它相当于在每平方厘米的面积上作用 10 牛顿的压力。通常在重力加速度为 9.80665 米 / 秒 ^{2}，温度是 0℃时，

人们把等于 760 毫米垂直水银柱高的大气压叫作标准大气压。人类生活在这么大的大气压下，却感觉不到，这是因为长期生活在这种环境下，造成了人体内部的压强与大气压强相等的缘故。

地球表面大气层受到重力作用，离地面越近，空气越厚，压强越大；而在离地面越远的地方，大气层越薄，因此大气压强随着海拔高度的增加逐渐减小。初次登上青藏高原的人，会感到呼吸困难，特别是心脏病患者的病情会加重。这是由于高原上的空气稀薄，大气压减小，人们一时难以适应而造成的。

为了测定某一个物体所处的高度，根据大气压强分布的原理制成了高度计。只要测定出某一点的大气压强，就可以知道该点所处的高度。大气压强的变化还与天气的变化有关，高气压往往带来晴天，低气压往往带来阴雨天。因此通过观测大气压的变化，可以预测天气形势的发展。

马德堡半球实验

1654 年，德国物理学家、马德堡市市长 O. 格里克曾经做了一个震惊世界的实验，被人们称为马德堡半球实验。这个实验告诉人们，大气压强不但存在，而且大得惊人，同时也说明人类可以制造真空。格里克用铜材做了两个直径为 37 厘

格里克市长利用马德堡半球实验让大家知道大气压力的存在：两个半球内的空气抽掉之后，要再拉开是多么困难

米的空心半球，两个半球之间贴得紧紧的，无一丝缝隙，然后他用自己发明的抽气机，将球内的空气抽出。当球内空气全部抽出后，用16匹马分成两队拼命地往相反的方向拉，结果也没有使两个半球分开。但当空气进入球内后，两个半球毫不费力地分开了。这次实验使社会各界产生了对实验科学的广泛兴趣。

虹吸现象

一辆因无汽油而抛锚的汽车向其他汽车借汽油时，司机一般采用的办法是：将一根胶管的一端放入装有汽油的油箱里，用嘴对着胶管的另一端吸，直到吸出汽油后快速把这端放入空油箱中，汽油就会自动流入空油箱中，这就是虹吸现象。

由于大气压的作用，液体从液面较高的容器，通过胶管流入液面较低的容器的现象，称为虹吸现象。当油从胶管流向空油箱时，在胶管中就形成部分真空，受大气压力的作用，胶管中的汽油就向上流动。汽油到达最高点时，受重力作用又向下流动。因此，油箱内的汽油就能自动流出来了。虹吸现象发生的条件是：有大气压存在，虹吸管内必须先充满液体，虹吸管两边容器里的液面

水管中的水流走后，产生了真空，外边的水就在大气压力的作用下流进了管中

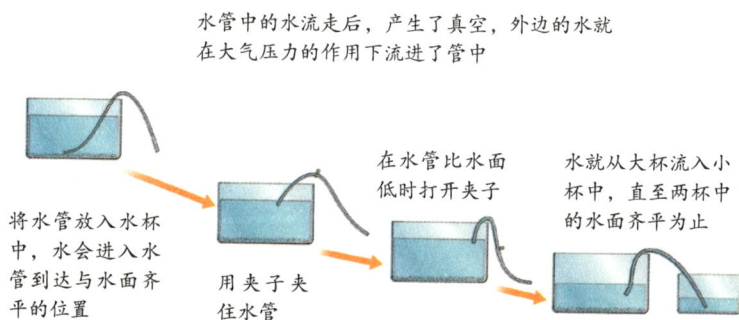

将水管放入水杯中，水会进入水管到达与水面齐平的位置

用夹子夹住水管

在水管比水面低时打开夹子

水就从大杯流入小杯中，直至两杯中的水面齐平为止

虹吸现象实验

要有高度差，高位液柱的压强要小于大气压。

虹吸现象有着广泛的应用。在黄河下游，由于河水水位高于河堤外的农田，人们就用虹吸管引水进行灌溉。用吸管给鱼缸换水也是一种虹吸现象。

液体压强

液体能够流动，又有一定的体积，但没有固定的形状。液体同固体一样，对支撑它的物体也有压强，但由于液体具有流动性，它的压强与固体的压强不同，液体对存放它的容器底部和侧壁都有压强，液体内部向各个方向也有压强。液体的压强与液体的深度和液体的密度有关，它随液体深度的增加而增大，在同一深度液体向各个方向的压强是相同的。人们经常看到科学家进行深海资源探究时，要穿上抗压潜水

服，以抵御海洋深处的巨大压强。因此，为了进一步研究和开发利用海洋资源，需要设计能够耐高压的潜水设备。

几个上端开口、底部相连的容器叫作连通器。连通器中如果只装同一种液体，当液体不流动时，各容器的液面总是保持相平的，这个原理叫作连通器原理。在河道上建坝拦水，发电灌溉，往往会阻断航运。为了保持航运通畅，人们修建了船闸，即按照航行的方向，运用连通器原理，对船闸充、放水，使船闸里的水位与上游或下游保持相平，船只就可以顺利通过了。

液压机

液压机是利用帕斯卡定律来工作的。帕斯卡定律的内容是：在密闭液体上的压强，能够大小不变地被液体向各个方向传递。这是在 17 世纪，由

$$\frac{W_1}{W_2} = \frac{S_1}{S_2}$$

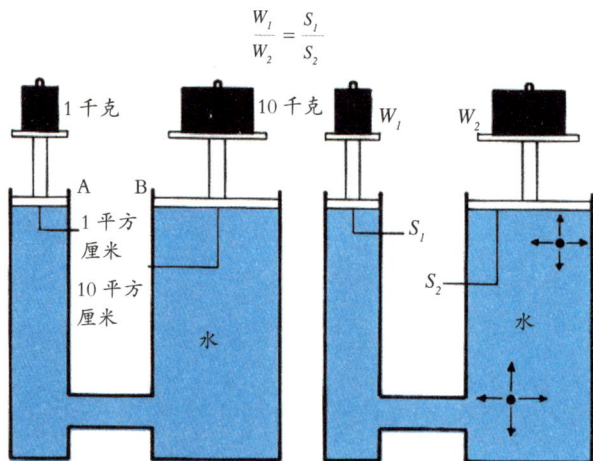

帕斯卡定律示意图

法国科学家 B. 帕斯卡通过实验发现并首先提出来的。人们由此得到启发，发明了各种液压机。液压机的工作原理是这样的，如果将两个大小不同、都带有活塞的液缸相连，并都注满油，当在小活塞上加压时，小活塞对油的压强就会大小不变地传给大活塞。大活塞上受到的推力大小就是这个压强与活塞面积的乘积。假如大活塞的面积是小活塞的 10 倍，那么大活塞上的推力就是小活塞上压力的 10 倍。液压机就是这样放大作用力的。

液压机的种类很多，功能也不尽相同，其特点是只要用很小的力，就可以产生很大的力。汽车上安装的液压刹车装置，能够将快速行驶的汽车紧急刹住不动。万吨远洋货轮的舵也要靠液压装置来操纵。

浮力

一个物体浸在液体或气体中时受到来自液体或气体的向上的托力，称为浮力。浮力大小等于物体所排开的液体或气体所受的重力。这就是浮力定律。它是古希腊伟大的科学家阿基米德发现的，也称为阿基米德定律。有些物体能够漂浮在水面，有些物体却沉入水底，这决定于物体自身受到的重力和它受到浮力的大小。任何一个物体在水中的沉浮都与物体和水的密度有关：当实心物体的密度比水的密度大时，就会沉入水底，反之就会漂浮在水面；当物体的密度和水的密度相等时，物体可以悬浮在水中。对于空心物体就要通过具体计算确定沉浮。

潜水艇有一个压水舱，使得它能够在水中沉浮自如。当它需要沉入大海时，将压水舱通海阀打开，水进入压水舱，潜水艇的总重力就会增大直至超过舰艇所受到的水的最大浮力，潜水艇便沉入水下。当将压水舱内水排出时，潜水艇的总重力就会减小，直至小于舰艇所受到的最大浮力时，潜水艇就会浮出水面。

浮力定律已经应用在许多工程实践中。伐倒的林木有时不需要火车、汽车运输，而是放入河中任其漂流，利用河水的自流就能把它运送到需要的地方去；采矿工人利用水流洗沙淘金，农民用盐水选种等都是在利用浮力定律。

阿基米德定律 传说亥厄洛王召见阿基米德，让他鉴定纯金王冠是否掺假。他冥思苦想多日，在跨进澡盆去洗澡时，从看见水面上升得到启示，做出了关于浮体问题的重大发现。在著名的《论浮体》一书中，他详细阐述了这一发现，总结出了著名的阿基米德定律。正是利用这个定律，阿基米德通过比较纯金与王冠排出的水量解决了国王的问题。

振动

振动是指物体在某一中心两侧位置所做的往复运动或某个物理量在其平均值（或平衡值）附近的来回变动。

例如，一个小球绕着一个平衡位置不停地做小角度的往复运动，叫作单摆。它是振动系统中最简单的一种振动。用一根线将一个小球吊在固定的地方，将小球稍微推离平衡位置，你可以观察到小球来回平稳地摆动。它的摆动幅度与你最初将小球推离平衡位置的距离相同。小球摆动 1 周所需的时间称为振动的周期。小球来回摆动 1 周所需的时间总是一样的，称之为单摆的等时性。在 1 秒钟内，小球摆动的次数称为振动的频率。小球摆动时偏离平衡位置的最大距离叫作振幅。人们经过研究发现：单摆的周期与小球的质量无关，当振幅不大时，与振动的幅度也无关。悬挂小球的线的长度才决定着单摆的周期的长短。如果小球摆动时，不受空气阻力的作用，小球会永不停止地摆动下去。但是，由于空气的

阻力作用，小球最终会在某一时刻停止摆动。

共振

当外部作用力的振动频率与物体本身的固有频率相同时，物体产生强烈振动的现象。1906 年的一天，在俄罗斯的彼得堡，有一队士兵在指挥官的口令下，迈着威武雄壮、整齐划一的步伐行进在一座桥上，这时桥梁突然发生强烈的颤动并最终断裂坍塌，导致了桥毁人亡的悲惨事故。造成大桥断裂坍塌的罪魁祸首，正是共振。

上述事故中，由于大队士兵齐步行进时步伐十分整齐，产生的频率正好等于桥的固有频率，使桥的振动加剧，当它的振幅达到最大限度直至超过桥梁的抗压力时，桥就断裂了。类似的悲剧在美国也发生过。有鉴于此，后来许多国家的军

队都有这样一条规定：大队人马过桥时，要改齐步走为便步走。

认识到共振的破坏性，对于生产和生活很有用。在建造铁路桥梁时，要注意避免火车过桥产生的频率与铁路桥梁的固有频率相近或相同，火车过桥时要减速慢行，以免发生共振，造成交通事故；在攀登雪山时，也不能大声说话，以免空气的振动引起山体共振发生雪崩。共振还可用来为人类服务，如人们用机械共振原理制造出地震仪，来监测地震灾害的影响；收音机也是利用共振现象来进行调谐选台的。人的耳朵中也有一套共振系统，所以我们才能听到别人的声音，才能与他人交流。声波是由物

弦乐器共鸣箱利用琴弦与空气柱共鸣增强乐声

体振动产生的，声波的共振现象就是共鸣。许多乐器都利用声源和空气柱的共鸣来增强发声。

在现代，共振技术普遍应用于各个领域。如各种弦乐器中共鸣箱利用的"力学共振"，广播电视中利用的"电磁共振"，医疗技术中利用的"核磁共振"等。在当今正蓬勃发展的信息技术、基因科学、纳米材料、航天技术等领域中，更是大量应用到共振现象。

伽利略

（1564-02-15 ～ 1642-01-08）

意大利物理学家、天文学家、哲学家。伽利略25岁时任比萨大学教授，后来

伽利略

做了著名的比萨斜塔实验。他通过大量实验发现了伽利略相对性原理和落体定律，还发明了温度计。在天文学方面，制作了伽利略望远镜并第一个利用望远镜观察天体，取得了大量成果。由于伽利略在物理学方面有杰出贡献，并且创造出一整套将实验、物理思维和数学演绎三者巧妙结合的科学方法，后人称伽利略为"近代科学之父"。

胡克，R.

（1635-07-18 ～ 1703-03-03）

英国物理学家。曾担任玻意耳的助手。胡克是一个多才多艺的

胡克

实验物理学家、仪器设计师和发明家，对当时出现的几乎所有仪器都做过重大改进或创新。胡克最早展示了生物、矿物的显微结构并引入"细胞"一词。由胡克揭示的弹性体受力与形

变的比例关系被称为胡克定律。他还是光波动说的最早倡导者之一。在天体力学领域，胡克与牛顿的争论促使牛顿对万有引力定律进行了更深入的研究。

牛顿，I.

（1643-01-04 ～ 1727-03-31）

英国物理学家、天文学家和数学家，经典物理学的奠基人。生于苏格兰林肯郡。

牛顿

牛顿于 1665 ～ 1666 年建立了微积分学，此外还创立了二项式定理，传说中"苹果落地"的故事也发生在这段时间里。1669 年，年仅 26 岁的牛顿就担任了剑桥大学的数学教授。在剑桥大学的 25 年中，牛顿完成了许多科学杰作，如 1687 年发表的《自然哲学的数学原理》，开创了自然科学发展史的新时代。

牛顿关于空间、时间、质量和力的学说是解决任何具体的力学、物理学和天文学问题的总纲要。牛顿在伽利略等人的工作基础上确立了经典力学的基础——牛顿运动定律。此外，他深入研究开普勒等人的工作，运用流数（微积分初步）理论，发现了万有引力定律，完成了开普勒三定律和万有引力定律间相互关系问题的论证。牛顿还对色散、颜色的理论和光的本性等问题做了大量的研究。他最早进行了用三棱镜分解阳光的实验。1704 年牛顿出版了《光学》一书。在光的本性问题上，牛顿主张"光的微粒说"。

卡文迪什，H.

（1731-10-10 ～ 1810-02-24）

英国物理学家和化学家。生于法国尼斯。卡文迪什在物理学方面较重大的贡献是1798年所完成的著名实验，被称为卡文迪什实验。

卡文迪什

这个实验所用的方法、构思非常精巧，至今仍可应用，并开精微测定技术的先河。在电学方面，卡文迪什独自发现一对电荷之间的作用力与它们之间的距离平方成反比。他用实验演示了电容器的电容取决于介于其两极板之间的物质。他最早建立了电势的概念，研究了热的现象，发现了"比热"和"潜热"的真正物理意义。

卡文迪什逝世后留下大量财产，后来他的家族捐赠了一大笔资金给剑桥大学建立物理实验室。实验室在1874年建成，为纪念他而定名为卡文迪什实验室。

卡文迪什实验室 卡文迪什实验室即英国剑桥大学的物理系，是当时剑桥大学校长W.卡文迪什捐款兴建的。他是H.卡文迪什的近亲。从1871年起，麦克斯韦着手筹建卡文迪什实验室，花费了很大的精力。这个实验室在以后成为世界上少数几个最有声望的物理学研究和教育的中心之一，对近百年来物理学的发展起过非常重要的作用。20世纪30年代之前，英国、美国的著名物理学家大多出于这个实验室。

探究课题

一、运动学

1 观察周围环境，举出几个参照物概念在日常生活中应用的例子。

2 找一块机械秒表，研究其使用方法。

测量自己快速朗读一篇文章的时间，并计算每分钟朗读的文字量。然后观看一段新闻，并用家长的手机录下来，统计播音员一分钟内播报的文字量。谁的朗读速度更快？

3 从楼房 25 层落下的小石块，到地面时速度是多大？

接下来，如果小石块与地面作用 0.1 秒就停下，这个减速过程中的加速度是多大，是自由落体加速度的多少倍呢？

小贴士：中国《住宅设计规范》中关于层高的规定：普通住宅层高宜为 2.80 米。通过计算结果，能切实感到高空坠物有多么危险了吧？

4 想一想，如何测量人体指甲的生长速度？

然后，如果按照你测量的结果，一年不剪指甲的话，指甲会长到多长？

小贴士：指甲生长速度不仅因人而异，且受年龄、气候、昼夜循环、营养、性别等因素影响。五根手指之间，指甲生长速度一般也不同。另外，手指甲的生长要快于脚指甲。

5 在外出旅行时，自己测量列车行驶的速度。

中国的高速铁路是电气化铁路。列车行驶时，每过一两秒，窗外就会闪过一根电线杆。如果我们知道了电线杆间距，其实就可以利用简单的时间测量，计算出火车的行驶速度了。可以与列车屏幕上显示的速度核对答案哦。

小贴士："电线杆"其实是铁路接触网的支柱。铁路接触网是沿铁路线架设的向电力机车供电的输电线路。支柱间距叫作跨距，在大多数区域中是 65 米。

6 查阅地球板块构造理论相关资料，并撰写一篇小论文。

小贴士：板块构造理论的核心观点，地球板块缓慢漂移的原因，某一板块的漂移速率，十万年后地球板块的分布与现在的差异等。板块的移动虽十分缓慢，但时间的力量是巨大的。

二、静力学与动力学

1 **小实验——筷子提米。**

用圆柱状陶瓷杯或空的易拉罐装米，边装边振动，尽量把米装满装实。左手四指用力压住大米，右手将筷子通过指间用力从中心位置插入米中，注意要一直插到罐底。好，现在试试把米罐"提"起来吧！

小贴士：如果筷子是方头且较为粗糙，一般第一次实验就能把一罐米提起来，这是因为米与筷子接触面粗糙，摩擦力大。如果筷子较圆滑，可在米中加少量水，等米粒膨胀后再提起，也能够成功。

2 研究杂技演员在走钢丝时是如何保持平衡的。

小贴士：观看视频，你会发现当杂技演员的身体摇晃要倒下时，他们通过摆动两臂使身体恢复稳定。两臂的摆动是在调整重力作用线，使之通过支撑面，以恢复平衡。有些杂技演员在走钢丝时手里横向握着长棒也是这个道理。

公式手册

一、运动学

1. 参考系

在描述物体运动时，假定不动用来做参考的物体。

2. 质点

用来代替物体的有质量的点。它是一种理想化模型。研究物体运动时，如果物体形状和大小对研究结果影响可忽略，就可视作质点。

理想化模型是分析、解决物理问题常用的方法，它是对实际问题的科学抽象，可以使一些复杂的物理问题简单化。物理学中理想化的模型有很多，如质点、轻杆、光滑平面、自由落体运动、点电荷、纯电阻电路等，都是突出主要因素、忽略次要因素的物理模型。

3. 位移和路程

①定义：位移表示质点位置的变化，可用由初位置指向末位置的有向线段表示。路程是质点运动轨迹的长度。

②区别：位移是矢量，方向由初位置指向末位置；路程是标量，没有方向。位移与路径无关，路程与路径有关。

③联系：在单向直线运动中，位移的大小等于路程；

一般情况下，位移的大小小于路程。

4. 速度和加速度

4.1 速度

① 平均速度

定义：运动物体位移与所用时间的比值。

物理意义：描述物体运动快慢。

方向：与物体位移方向相同。

② 瞬时速度

定义：运动物体在某位置或某时刻的速度。

物理意义：精确描述物体在某时刻或某位置的运动快慢。

方向：与该位置或该时刻物体运动方向相同。

③ 平均速率与瞬时速率

平均速率：运动物体路程与所用时间的比值。

瞬时速率：运动物体瞬时速度的大小，简称速率。

4.2 加速度

定义：速度变化量与发生这一变化所用时间的比值。

物理意义：描述速度变化的快慢。

方向：与速度变化量方向相同。根据速度与加速度方向间关系，可判断物体是在加速还是减速。

5. 匀变速直线运动

速度与时间关系：$v = v_0 + at$。

位移与时间关系：$x = v_0 t + at^2/2$。

6. 自由落体运动

定义：初速度为零，只受重力作用的匀加速直线运动，即 $v_0 = 0$，$a = g$。

规律：$v = gt$，$h = gt^2/2$，$v^2 = 2gh$。

二、静力学与动力学

1. 力

力是物体间的相互作用。力的作用效果是改变物体的运动状态或使物体发生形变。力的三要素是指力的大小、方向和作用点。力既有大小又有方向，力的运算遵循平行四边形定则和三角形定则。力不能脱离物体而独立存在。物体间力的作用是相互的，只要有作用力，就一定有对应的反作用力。

2. 重力

重力是由于地球对物体的吸引而使物体受到的力，与物体的质量成正比。可用公式表示为 $G = mg$。g 即重力加速度，其数值会随纬度增大而增大，随高度增大而减小。

重力的方向总是竖直向下的。为了研究方便而人为认定的重力的作用点叫重心，质量分布均匀的　规则物体重心在其几何中心。对于形状不规则或者质量分布不均匀的薄板，重心可用悬挂法确定，其原理是二力平衡必共线。

3. 弹力与胡克定律

实验表明，弹簧发生弹性形变时，弹力大小跟弹簧伸长（或缩短）的长度 x 成正比，即 $F = kx$。k 称为弹簧劲度系数，单位牛顿 / 米（N/m）。一般来说，k 越大，弹簧越"硬"；k 越小，弹簧越"软"。k 的大小与弹簧的粗细、长度、材料、匝数等因素有关。

4. 摩擦力

摩擦力指两个相互接触的物体由于具有相对运动或相对运动的趋势，而在物体接触处产生的阻碍物体之间相对运动或相对运动趋势的力。阻碍相对运动的是动摩擦，阻碍相对运动趋势的是静摩擦。滑动摩擦力大小跟正压力 F_N 成正比，即 $F_f = \mu F_N$，μ 表示两物体间的动摩擦因数，由物体接触面属性决定。

5. 牛顿三大定律

牛顿第一定律：一切物体总保持匀速直线运动或静止状态，直到外力迫使它改变运动状态为止。

牛顿第二定律：物体加速度大小跟它受到的作用力成正比，跟它的质量成反比，加速度方向跟作用力方向相同。

牛顿第三定律：两物体间作用力与反作用力总是大小相等，方向相反，作用在同一条直线上。

以上定律只适用于相对地球静止或匀速直线运动的参考系（即惯性系）中宏观、低速运动的物体，不适用于微观、高速运动的粒子。

6. 超重与失重

	超重	失重	完全失重
概念	物体对支持物的压力（或对悬挂物的拉力）大于物体所受重力的现象	物体对支持物的压力（或对悬挂物的拉力）小于物体所受重力的现象	物体对支持物的压力（或对悬挂物的拉力）等于零的现象
产生条件	物体加速度方向竖直向上或有竖直向上的分量	物体加速度方向竖直向下或有竖直向下的分量	物体竖直方向的加速度向下，大小等于 g
表达式	$F - mg = ma$, $F = m(g+a)$	$mg - F = ma$, $F = m(g-a)$	$mg - F = ma$, $F = 0$
运动状态	加速上升、减速下降	加速下降、减速上升	无阻力抛体运动、在轨卫星、空间站中的人与物体
视重	$F > mg$	$F < mg$	$F = 0 < mg$

7. 向心力与圆周运动

向心力是效果力，是做圆周运动物体受到的指向圆心方向的合外力，其作用效果是产生向心加速度。向心加速度反映圆周运动速度方向变化快慢。向心加速度方向和线速度方向垂直，只改变线速度方向，不改变线速度大小，表达式为 $F_n = m\omega^2 r = m\dfrac{v^2}{r} = m\dfrac{4\pi^2}{T^2}r$。竖直平面内的圆周运动能产生超重或失重效果。比如，汽车 m 在拱桥上以速度 v 前进，桥面圆弧半径为 r，F_n 为桥面对车支持力，大小等于车对桥面压力。由向心力公式得出以下结论：凸形桥面 $mg - F_N = m\dfrac{v^2}{r}$，$F_N = mg - m\dfrac{v^2}{r} \leq mg$，产生失重效果。凹形桥面 $F_N - mg = m\dfrac{v^2}{r}$，$F_N = mg + m\dfrac{v^2}{r} \geq mg$，产生超重效果。

8. 开普勒三大定律

开普勒第一定律：所有行星绕太阳运动的轨道都是椭圆，太阳处在椭圆的一个焦点上。

开普勒第二定律：对任意一个行星来说，太阳中心到行星中心的连线在相等时间内扫过的面积相等。

开普勒第三定律：所有行星的轨道半长轴三次方与公转周期二次方的比值都相等。

9. 万有引力定律

自然界的任何物体都相互吸引，引力方向在它们的连线上，引力大小跟它们质量的乘积成正比，跟它们之间距离的平方成反比。表达式为 $F = Gm_1m_2/r^2$，其中 $G = 6.67 \times 10^{-11}\text{N} \cdot \text{m}^2/\text{kg}^2$，叫引力常量。